扬州园林古迹综录

Collection of Yangzhou Ancient Garden Sites

彭镇华 编著

广陵书社

图书在版编目（CIP）数据

扬州园林古迹综录 / 彭镇华编著. -- 扬州 ：广陵
书社，2016.1
ISBN 978-7-5554-0421-7

Ⅰ. ①扬… Ⅱ. ①彭… Ⅲ. ①古典园林－考证－扬州
市 Ⅳ. ①TU-098.42

中国版本图书馆CIP数据核字(2016)第006829号

书　　名	扬州园林古迹综录
编　　著	彭镇华
摄　　影	王虹军
封面题签	蒋永义
封底篆刻	蒋永义
责任编辑	刘　栋　王志娟
特约编辑	徐　亮
装帧设计	王虹军
出版发行	广陵书社
	扬州市维扬路 349 号　　　　邮编 225009
	http://www.yzglpub.com　　E-mail:yzglss@163.com
印　　刷	无锡市极光印务有限公司
装　　订	无锡市西新印刷有限公司
开　　本	889 毫米 × 1194 毫米 1/12
印　　张	30
字　　数	150 千字　　图 372 幅
版　　次	2016 年 1 月第 1 版第 1 次印刷
标准书号	ISBN 978-7-5554-0421-7
定　　价	268.00 元

彭镇华教授和他的学生考察扬州园林留影

2000 年彭镇华教授为扬州古运河城市森林网络体系示范区题名

2006 年彭镇华教授主持设计的泰国清迈市"中国唐园"

彭镇华教授设计的美国华盛顿"中国园"方案效果图

前　言

　　扬州是国务院公布的首批二十四座历史文化名城之一，历史悠久，环境优美，物产丰富，人文荟萃，自古以来就是世人所向往的地方。公元前486年，吴王夫差筑"邗城"，沟通江淮，开启了扬州2500年的建城历史。古城历经沧桑，几度繁华。悠久的历史，在扬州留下众多胜迹。历代文人墨客在此流连忘返，写下了一篇篇歌颂扬州的华彩篇章，唐代大诗人李白的"烟花三月下扬州"这一千古丽句，引起了多少人对扬州的羡慕与怀想……

　　"杭州以湖山胜，苏州以市肆胜，扬州以园亭胜。"扬州是一座以园林而著称的城市。一般而言，城市园林发展大体上与城市经济文化发展一脉相承，扬州园林是城市经济文化发展的产物。它初兴于汉，复盛于唐，鼎盛于明清，素有"扬州园林之胜，甲于天下"（金安清语）、"广陵甲第，园林之盛，名冠东南"（刘凤诰语）、"扬城中园林之美，甲于南中"（梁章钜语）的赞誉。它以精湛的造园技巧、浓厚的诗情画意、雅健的艺术格调、南秀北雄的美学风格而著称于世，成为中国古典园林的重要组成部分，是中国园林最为杰出的代表之一。

　　彭镇华先生是我的老师。多少年来，我一直跟随在老师身边，耳濡目染，聆听教诲，以先生为楷模，学习他为学、为人的高尚品格。先生曾经学习和生活于扬州，自幼刻苦好学，勤于耕读，深受传统文化熏陶，是中国传统文化浸润的学人。先生写得一手好字，对中国诗词颇有研究，尤其对中国竹文化情有独钟，他所编著的《绿竹神气》一书就收录"竹"诗词文赋达万首，他对"个"字探源研究极为精到。2013年2月，先生在世界权威生物学杂志《自然·遗传学》（《Nature Genetics》）发表了"毛竹基因组序列草图"论文，标志着我国在竹类植物基因组学研究领域已走在世界前列。

　　先生对扬州这座城市怀有纯真的感情，对扬州历史、文化传承有着强烈的使命感。

正是这份使命感，促使了先生对扬州园林的研究工作。2006年，先生就主持设计了泰国清迈市的"中国唐园"方案，并由扬州市园林管理局组织施工，获得国际园艺博览会室外展园金奖。其后，先生又担任美国华盛顿"中国园"的总设计师，完成了华盛顿"中国园"的设计方案。这些，都凝聚了先生的心血和智慧，他为中外文化交流，为中国园林特别是扬州园林走向世界做出了杰出的贡献。近六年来，先生从浩瀚的历史典籍里，查阅了大量文献、资料，经多次裁剪钩沉，撰成《扬州园林古迹综录》一书。书稿收录以明清园林为主的扬州园林古迹269处，其中有现今保存完好者，也有遗迹尚存者，更有无迹可考者。大凡古园林、民居、庙宇、会馆、墓葬、桥梁等具影响力的扬州文物古迹，均有收录，力求尽可能完整记录、传承、弘扬扬州历史文化特别是园林文化。当然，囿于先生年事已高，时间、精力、资料等诸多因素的制约，书中或有瑕漏之处，尚请读者体谅。

天不假年，2014年5月先生不幸因病逝世，未能见到本书最终出版。作为先生的学生，我们觉得有责任完成先生遗愿，出版此书，以告慰亡者先灵。为此，我们向扬州市园林管理局表达了这一良好的愿望，得到了扬州园林管理局、扬州广陵书社的倾力支持，使得这本书稿能够尽快面世。感谢先生助手马艳军帮助完善手稿。

谨以此书献给彭镇华先生，愿逝者安息，生者当继续前进。

费本华（国际竹藤中心常务副主任、教授、博士生导师，

中美共建中国园项目办公室主任）

2015年9月

目 录

两堤花柳全依水
一路楼台直到山

蜀冈－瘦西湖

1.大明寺

大明寺又称栖灵寺,该寺位于蜀冈中峰,始建于南朝刘宋大明年间(457—464),故名。隋代仁寿元年(601),寺内建栖灵塔。武则天当政时又重建,唐代高僧鉴真曾居此讲学,天宝年间应日本僧人之邀历尽艰辛东渡日本。现存建筑多为清同治年间重建。1979年大修,前有牌楼,内依次有山门殿、大雄宝殿、藏经楼等建筑,大殿重檐歇山顶,面阔五间。寺东有东园、万松岭;寺西有西园,内有天下第五泉等名胜。鉴真(688—763),扬州江阳县(今扬州)人,唐代律学高僧,为中日文化交流作出卓越贡献,为日本人敬仰。纪念堂在寺东,于1973年建成,仿唐建筑,与日本唐招提寺金堂相似,古朴庄重,前为门厅、碑亭,有廊与正殿环抱。正殿庑殿顶,面阔五间,堂内供鉴真干漆夹纻像。"平山堂"为1048年欧阳修知扬州时创建,因其堂前远眺"江南诸山,拱揖槛前,若可攀跻",故名。位于寺西,后1870年又重建。堂硬山顶,面阔五间,后有"谷林堂",为苏轼纪念欧阳修所建。再后"欧阳祠",内有欧阳修石刻像。"平远楼"在大殿东南,清同治年间重建,重檐歇山顶,面阔三间。

《平山揽胜志》卷七明罗圯《重修大明寺碑记》:"距扬郡城西下五七里许,有寺曰'大明',盖自南北朝宋孝武时所建也。孝武纪年以'大明',而此寺适创于其时,故为名。"清孔尚任《平山道弘禅师修创栖灵寺记》:"栖灵寺在扬州之蜀冈,即宋孝武所称'大明寺'者。"

王振世《扬州览胜录》卷二:"法净寺,在蜀冈中峰,为淮东第一胜境,即古栖灵寺,又称'大明寺'。寺门面南,门前建有牌楼一,一面题'栖灵遗迹(址)'四字,一面题'丰乐名区'四字,姚运使煜重修。寺门东偏壁上嵌石刻'淮东第一观'五大字,金坛蒋湘帆衡书;西偏壁上嵌石刻'天下第五泉'五大字,金坛王虚舟澍书。按:'天下第五泉'石刻五字,清乾隆间本建于寺内西园中,或兵燹后重修法净寺时移立于此。首进为山门,次进为大殿。寺内东偏有平远楼、晴空阁、洛春堂、四松草堂诸胜。……咸丰兵燹寺毁,同治中方转运

大明寺门景

鉴真纪念堂

潘颐重建。民国二十三年（1934），邑人王茂如重修。民国十年（1921）间，日本高周太助主两淮稽核所事时，考知法净寺即古大明寺，唐时鉴真和尚曾东渡日本说法，因属彼国文学博士常盘大定为撰碑记，于十一年冬勒石寺内。"

大明寺历史上又曾命名为西寺、栖灵寺、法净寺，1980 年春复名大明寺，1995 年冬，栖灵塔重建竣工。

大明寺津津乐道千古佳话，莫过于"三情"：

其一，"中日情"。鉴真大师七渡东洋，历尽艰辛，以致失明，终达日本，弘扬佛法。当时从中国带去世界最先进文化与科技，从饮食、医药到建筑、艺术，真是包罗万象，其贡献无可限量。

其二，"同年情"。唐代同甲子、同年两大文豪白居易（字乐天）、刘禹锡（字梦得）于敬宗宝历二年（826），曾同登大明寺栖灵塔，且各有诗作留世：

与梦得同登栖灵塔　白居易

半月悠悠在广陵，何楼何塔不同登。

共怜筋力犹堪在，上到栖灵第九层。

同乐天登栖灵寺塔　刘禹锡

步步相携不觉难，九层云外倚阑干。

忽然笑语半天上，无限游人举眼看。

细读之后，其情其景，两位诗人，真是胜似亲兄弟，跃然于纸上。

其三，"师生情"。人所共知，若非欧阳修"伯乐"独具慧眼推荐苏轼，何来"名动京师"；也正因有苏氏绝世才华，高尚品德更显欧氏人格魅力。大明寺西平山堂，特别是"谷林堂"短短三字，包涵沉甸甸深远师生之情。

现为全国重点文物保护单位，成为宗教活动、游览场所。

有楹联如下：

胤禛撰书

万松月共衣珠朗；五夜风随禅锡鸣。

天王殿·弥勒像神龛·朱元璋撰·王板哉书

大腹能容，容天下难容之事；慈颜常笑，笑世间可笑之人。

鉴真事迹陈列室·赵朴初撰·沙曼翁书

鼓螺蜀冈，甃墙南岳；风月长屋，花雨奈良。

鉴真事迹陈列室·赵朴初撰书

遗像千年归故里；友谊万代发新花。

一九八零年四月二十五日书

栖灵塔

陈寅撰·王翰之书

大唐胜迹，历历可鉴，尊者来栖弘佛法；

明性佳处，孜孜求真，众生托灵悟禅机。

跋：公元二〇〇〇年，王余奇梅为大明寺栖灵塔捐赠。

佛光宝殿

若问真和幻，闲日常思已往；欲明醒与梦，合掌参拜如来。

藏经楼·楼下

赵朴初撰书

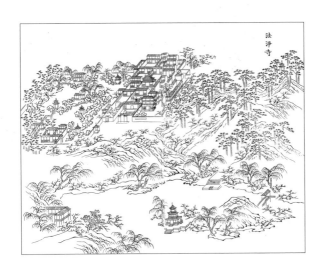

栖灵塔

当知是处恭敬供养,不可以百千万劫说其功德;

若复有人受持读颂,已非于三四五佛种诸善根。

藏经楼·院门

陈仲明撰书

到清凉境;生欢喜心。

素菜馆九副

迷时千卷少;悟来半句多。

欲除烦恼须无我;历尽艰难好作人。

风恬浪静中见人生之真境;味素声希处识心体之本然。

迷则乐境成苦海,如水凝冰;悟则苦海成乐境,犹冰作水。

卓锡谈经,春秋不老;慈灯慧镜,日月长明。

事念理念唯一念;佛心人心无二心。

无常如常常常无;空然自然然然空。

林下相逢只谈因果;山中作伴莫负烟霞。

了心之功,即在尽心之内;出世之道,即在涉世之中。

2.平山堂

　　堂在蜀冈大明寺西侧,堂前有"行春台",堂后为"真赏楼"。平山堂盛名天下,反而寺为所掩。平山堂为北宋庆历八年扬州太守欧阳修所建,嘉祐八年,刁约重新修建。绍兴末年毁,周淙复建,后赵濛、郑兴裔又有增修。元代荒落。明万历年间,知府吴平山重修。清康熙十二年太守金镇重新修建。乾隆年间汪应庚亦有修缮。咸丰年间毁于兵火,同治九年重新修建。

　　《扬州鼓吹词序》:"平山堂,在府城西北五里,宋郡守欧阳修建。每政暇,与客啸咏其中。夏日,取荷花百朵插四座,命妓以花传客行酒,往往载月而归。"

　　《广陵名胜全图》:"平山堂,在蜀冈上,宋欧阳修守扬州建,以南徐诸山,拱立环向,与槛平,因名'平山堂'。其时,梅尧臣、刘攽、王安石、苏轼、秦观诸人,皆有唱和之什。"

　　《扬州画舫录》卷十六:"平山堂在蜀冈上。《寰宇记》曰:邗沟城在蜀冈上。宋庆历八年二月,庐陵欧阳文忠公继韩魏公之后守扬州,构厅事于寺之坤隅。"

　　《扬州览胜录》卷二:"平山堂在蜀冈中峰法净寺内,为淮东第一胜境。……咸丰间,

谷林堂

洪杨军陷扬州,蜀冈为四战之地,山堂毁于兵火。同治中,方转运濬颐重建山堂五楹,屋宇轩敞,倚栏遥望,江南诸山如在几席,洵为淮东第一胜境。今'平山堂'额三字,即方转运所题。又'放开眼界'额,清彭刚直公玉麟题。又'风流宛在'额,刘忠诚公坤一题。伊太守秉绶联云:'隔江诸山,在此堂下;太守之宴,与众宾欢。'此联造语既佳,书法也极古茂,至今称为山堂楹联之冠。"

欧阳修《朝中措·平山堂》:"平山阑槛倚晴空,山色有无中。手种堂前垂柳,别来几度春风。 文章太守,挥毫万字,一饮千钟。行乐直须年少,尊前看取衰翁。"

苏轼《西江月·平山堂》:"三过平山堂下,平生弹指声中。十年不见老仙翁,壁上龙蛇飞动。 欲吊文章太守,仍歌杨柳春风。休言万事转头空,未转头时皆梦。"抱柱楹联:"山色湖光归一览,欧公坡老峙千秋。"

有楹联如下:

真赏楼(二副)

汪懋麟撰书

登斯楼也;大哉观乎。

平山堂

欧阳祠

僧药根撰书

　　一联曾入诗人梦；两字长留太守吟。

平山堂十八副

堂内·方濬颐书匾　平山堂·原朱公纯联　尉天池补书

　　晓起凭栏，六代青山都到眼；晚来对酒，二分明月正当头。

堂内·汪国桢旧联　武中奇重书

　　山光湖色归一览；欧公坡老峙千秋。

廊柱·伊秉绶旧联　袁韦华重书

　　过江诸山，到此堂下；太守之宴，与众宾欢。

平山堂前楹·徐仁山集句书

　　衔远山，吞长江，其西南诸峰，林壑尤美；

　　送夕阳，迎素月，当春夏之交，草木际天。

左桢撰书

第一观淮东名胜；八百年太守风流。

左桢撰书

荡胸泻淮海；放眼走金焦。

伊秉绶撰书

几堆江上画图山，繁华自昔，试看奢如大业，令人讪笑，令人悲凉，应有些逸兴雅怀，才领得廿四桥头，箫声月色；

一派竹西歌吹路，传诵于今，必须才似庐陵，方可遨游，方可啸咏，切莫把浓花浊酒，便当作六一翁后，余韵风流。

方濬颐撰书

大明寺里拓坤隅，望重庐陵，赖刁、周、郑、赵、史、吴，踵事增华，遂令江上浮岚，长留真赏；

丰乐区边推壮观，雄吞邗水，有毛、魏、金、汪、宗、尹，鸿篇巨制，敢道劫余备筑，足抗前贤。

彭玉麟撰书

大江南北，亦有湖山，来自衡岳洞庭，休道故乡无此好；

近水楼台，尽收烟雨，论到梅花明月，须知东阁占春多。

崧骏集句书

远吞山光，平挹江濑；下临无地，上出重霄。

汪国桢撰书

山随平野尽；人与堂比高。

梁章钜撰书

高视两三州，何论二分月色；旷观八百载，难忘六一风流。

龚易图撰书

登堂如见其人，我曾经泰岱黄河，举酒遥生千古感；

饮水当同此味，且莫道峨嵋太白，隔江喜看六朝山。

偶然杯酒成千古；无数江山送六朝。

詹嗣贤集句书

云中辨江树；花里弄春禽。

弘历撰书

诗意岂因今古异；山光长在有无中。

丁濂甫撰书

曾从山水窟中来,秋色可人,征袂尚留巫峡雨;

欲向海云深处住,邮程催我,扁舟又趁浙江潮。

吴晋壬集句书

金戈铁马,芳草都迷,遇春风策马寻幽,重省淮左名都,杜郎俊赏;

舞榭歌台,画图难足,倚危亭登临送目,依旧二分明月,千古江山。

徐文达撰

酒酌碧筒杯,到此山翁仍一醉;文成青史笔,允宜坡老定千秋。

黄汉侯书匾　谷林堂·孙龙父书

深谷下窈窕;高林合扶疏。

方濬颐撰书

遗址在栖灵,稚竹老槐,风景模糊今异昔;

开轩借真赏,焚香酹酒,仙踪庋止弟从师。

武中奇重书匾　六一宗风·李圣和重书

遗构溯欧阳,公为文章道德之宗,侑客传花,也自徜徉诗酒;

名区冠淮海,我从丰乐醉翁而至,携云载鹤,更教旷览江山。

原欧阳正墉撰书·吴庆瑞重书

歌吹有遗音,溯坡老重来,此地宜赓杨柳曲;

宦游留胜迹,访先人手植,几时开到木兰花。

欧阳利见撰

山与堂平,千古高风传太守;我生公后,二分明月梦扬州。

金粟香撰

胜迹溯欧阳,当年风景如何,试问桥头明月;

高吟怀水部,此去云山更远,重采岭上梅花。

龚易图撰

六一居士,到今俎豆;三千世界,如此江山。

3.平远楼

楼在蜀冈中峰,大明寺东"仙人旧馆"内。

平远楼

　　《平山堂图志》卷一："平远楼,即(汪)应庚所建平楼。其孙立德等增高为三级。飞槛凌虚,俯视鸟背。望江南诸山,尤历历如画。郭熙《山水训》云:'自近山而望远山,谓之平远。'平远之意,冲融而缥缈,因以'平远'名之。楼之后,为关帝楼。又东,为东楼。楼之景,曰'松岭长风'。"

　　《扬州画舫录》卷十六:"平远楼,仿平远堂之名为名也(乃清汪应庚与其孙汪立德建)。楼本三层,最上者高寺一层,最下者矮寺一层,其第二层与寺平,故又谓之平楼。尹太守为之记。……楼后建关帝殿,旁为东楼,楼下便门通小香雪,即题'松岭长风'处。"

　　《扬州览胜录》卷二:"(平远楼)咸丰间毁于劫火,同治中方转运濬颐重建……光宣之际,楼已荒废。民国二十三年,邑人王茂如复修。……晴空阁在平远楼后……四松草堂在晴空阁后……洛春堂在四松草堂东,清乾隆间汪光禄应庚建。洛春之名,盖以欧公《花品叙》有'洛阳牡丹天下第一'之语,因以为名。堂前后叠石为山,种牡丹数十本,花时宴赏,裙屐咸集。毁于咸丰兵燹。今堂于同治间方转运濬颐重建。"

有楹联如下:

晴空阁二副

孔尚任书匾　平山栏槛倚晴空·章藻功撰书

　　无想无因,那不空诸所有;雨今雨旧,乃至晴亦为佳。

方濬颐撰书

　　六一清风,更有何人继高躅;二分明月,恰于此处照当头。

洛春堂二副

匾额　蜀冈慧照·弘历撰书

　　淮东奇观,别开清净地;江山静对,远契妙明心。

方濬颐撰书

　　品题金带银盘,毕竟扬花难比洛;消受淡云微雨,果然秋襖不如春。

平远楼　方濬颐撰书

　　三级巉增高,两点金焦,助起杯前吟兴;

　　双峰今耸秀,万株松柏,涌来槛外涛声。

4.芳圃

即大明寺"西园"。该园始建于乾隆元年(1736),汪应庚所建,内有康熙、乾隆御碑。该园毁于咸丰年间,建国后几度修茸。现为全国重点文物保护单位大明寺一部分。

《平山堂图志》卷一:"(西园)亦应庚等建,园在蜀冈高处,而池水沦涟,广逾数十亩。池四面皆冈阜,遍植松、杉、榆、柳、海桐、鸭脚之属,蔓以藤萝,带以梅竹,夭桃文杏,相间映发。池之北为北楼,楼左为御碑亭,内供圣祖书唐人绝句、我皇上御书诸碑刻。楼前东南数十步,为瀑突泉,高可丈馀,如惊涛飞雪,观者目眩。楼西,度板桥,由小亭下,循山麓而南。又东,有屋如画舫浮池上,遥与北楼对。舫前为长桥数折,以达于水亭。亭在池中,建以覆井,井即应庚浚池所得,谓即古之第五泉者也。亭前兀起,为荷厅,筑石梁以通往来。舫后南缘石磴,循曲廊东转,缘山而下,临池为曲室数楹,修廊小阁,别具幽邃之致。阁东复缘山循池而东,山上有小亭,过其下,折而北,穿石洞出,明徐九皋

西 园

第五泉

书'第五泉'三字刻石在洞中。洞上为观瀑亭,亭后又北,为梅厅,西向,厅前列置奇石,石上有泉,即明释沧溟所得井,金坛王澍书'天下第五泉'五字刻于石。泉以南数步,又一瀑突泉,与厅对。园中瀑突泉二,以拟济南泉林之胜无多让焉。泉北逾山径,由石磴延缘而上,东至于平山堂。"

《扬州名胜录》卷四:"西园在法净寺西,即塔院西廊井旧址。卢转运《红桥修禊诗序》云:'自乾隆辛未,始修平山堂御苑,即此地。'园内凿池数十丈,瀹瀑突泉,庋宛转桥。由山亭南,入舫屋。池中建'覆井亭',亭前建'荷花厅'。缘石磴而南,石隙中,陷明徐九皋书'第五泉'三字石刻。旁为'观瀑亭'。亭后建'梅花厅',厅前奇石削天,旁有泉泠泠,说者谓即明释沧溟所得井。良常王澍书'天下第五泉'五字石刻,今嵌壁上,《图志》所谓'是地拟济南胜境'者也。"

《扬州名胜录》所指"法净寺",即古大明寺,初创南朝刘宋大明年间,故得名。于乾隆三十年(1765),改名"法净寺",后改回"大明寺"。

《扬州览胜录》卷二:"西园在平山堂西,清乾隆间汪光禄应庚建,一称平山堂御苑。今园内有石刻'趣园'二大字碑,不知何时所立。……清乾隆二十年,汪光禄应庚凿山池,得古井,围十五尺,深二十丈,考其地,正所谓塔院西廊也。此井荒废,不可饮。今山僧汲以烹茶者,系明僧所得之井。并为清洁泉水计,特制木栅封锁泉口,汲水时启起,汲毕仍用木栅封锁之。游人来山堂者,山僧均以是泉瀹茗进,善品水家咸称此水与诸水不同。泉之南北有御碑亭二:一供清圣祖书唐人绝句石刻,一供清高宗御书诸碑。园基阔大,池广数十丈。旧有北楼、覆井亭、荷厅、石梁、观瀑亭、梅厅诸胜,自经清代洪杨之役,已付劫灰。今惟余古木藤萝,荒池怪石,使怀古者增无穷感喟。"

5.革命烈士陵园

园位于蜀冈万松岭。始建于 1954 年,1997 年又向北扩建。占地面积约 4 万余平方米,山麓建石牌坊一座,拾级而上,冈上正中建有革命烈士纪念碑一座。园内有烈士碑林、烈士墓、烈士纪念馆等纪念性建筑物。烈士纪念馆建筑面积 1200 余平方米,馆内陈列着自第一次国内革命战争以来革命烈士照片、遗物等文物、史料,是全市六个县(市、区)革命烈士斗争史料中心陈列馆。现为市级文物保护单位。

革命烈士陵园牌坊 　　　　　　革命烈士陵园

6.松岭长风

是园在大明寺东,小香雪之北。

《广陵名胜全图》:"在蜀冈上。蜀冈一名昆冈,见鲍照《赋》。汪立德、汪秉德之祖汪应庚,种松其巅,名'万松岭'。积三十年,惟乔林立,翠鬣苍鳞。或谡谡因风,如听广陵涛响。有桥在岭下,曰'松风水月'。岭之南,为恭迎'圣驾亭'。"

7.小香雪

该园又名"十亩梅园",故址位蜀冈,东接万松亭,西临平远楼。

《广陵名胜图》:"小香雪,在法净寺东,旧称'十亩梅园',亦汪立德等所辟。在蜀冈平衍处,为屋参差数楹,绕屋遍植梅花。乾隆三十年,皇上临幸,赐今名,御书匾额,并'竹里寻幽径;梅间卜野居'一联。"

《广陵名胜全图》:"小香雪,在法净寺东,就深谷,履平源,一望琼枝纤干,皆梅树也。月明雪净,疏影繁花间,为清香世界。按察使衔汪立德、候选道员汪秉德所树。"

《扬州画舫录》卷十六:"修水为塘,旁筑草屋竹桥,制极清雅,上赐名'小香雪居'。御制诗云:'竹里寻幽径,梅间卜野居。画楼真觉逊,茆屋偶相于。比雪雪昌若,曰香香澹如。浣花杜甫宅,闻说此同诸。'注云:'平山向无梅,兹因盐商捐资种万树,既资清赏,兼利贫民,故不禁也。'时曹栋亭御史扈跸至扬州,诗有'老我曾经香雪海,五年今见广陵春'之句,盖纪胜也。"

小香雪

8.莲溪墓

　　该墓位于大明寺内。莲溪,即真然和尚,晚清画家,兴化人,长住扬州。曾住黄山,又号黄山樵子,擅长山水人物、花鸟兰竹。1884年卒葬于此。墓在大明寺墙外树丛中,封土已塌,冢前有青石墓碑,上刻隶书"清故莲公墓",下款为"光绪甲申葬"。现为市级文物保护单位。

　　《扬州览胜录》卷二:"莲溪上人墓在蜀冈万松岭,邑人星若为立墓碑。莲溪名真然,兴化人,清道光二十四年来扬州,寓众香庵,后寓福因庵,又寓昙花庵。山水人物,禽鱼花卉,无体不备。论者谓其画法赵文敏、文待诏两家,秀韵天成,风神婉约,尤能以书法为画笔,故于兰竹称专门家。 光绪十年示寂,年六十九。"

莲溪墓

9.熊成基墓

　　该墓位于大明寺内。

　　墓地松林环抱,墓冢原为封土,前立墓碑,楷书"味根熊公墓"。1987年修葺,改为水泥墓冢,重立墓碑,隶书"熊成基烈士之墓"。现为市级文物保护单位。

　　《扬州览胜录》卷二:"熊烈士成基墓在蜀冈平山堂麓。烈士名成基,字味根,江都人。幼肄业于安徽练军武备学堂,即抱有革命大志,于清季光绪三十四年与诸同志起义安庆。时巡抚朱家宝婴城固守,烈士兵败走日本。于宣统二年变姓名返国,途次长春,复改赴哈尔滨。会清贝勒载洵赴欧考察海军,由西伯利亚铁道返国,烈士将要而刺之,以事泄被逮。次年就义吉林省垣,年二十有四。民国元年,邑人运遗榇归江都,葬平山堂山麓。"

熊成基墓

10.观音山(寺)

　　观音山位于蜀冈东峰。明洪武年间(1368—1398)建寺,初名"功德山",后改"观音禅寺"。清朝咸丰年间毁,同治年间复建,后又遭毁,光绪年间修复。寺坐北朝南,依山而建,高低错落,占地11000平方米,建筑面积3115平方米。内有山门殿、韦陀殿、大殿、藏经楼及两厢廊房等。寺西有紫竹林及小庭园,东为"鉴楼",相传为隋"迷楼"故址,楼后有天池。大殿硬山重檐,面阔五间,进深九檩,殿前廊殿环抱,两侧有"锡福堂"和"关房"。现为市级文物保护单位,保存完好,成为宗教活动、游览场所。

　　《扬州画舫录》卷十六:"功德山亦名观音山,高三十三丈,在大仪乡,为蜀冈东岸。上建观音寺,一名观音阁,在宋《宝祐志》为摘星寺。明《维扬志》云'即摘星亭旧址',《方舆胜览》谓之摘星楼。元僧申律开山,明僧惠整建寺,名曰功德山,又曰功德林。后僧善缘建额山门曰'云林',严运使贞为记,本朝商人汪应庚重新之。丁丑后,商人程梅子玓瓒复加修葺,上赐'功德林''天池'二扁,'渌水入澄照,青山犹古姿'一联,

观音山

远眺观音山

'峻拔为主'四字,临吴琚《说帖》卷子,均泐石供奉寺中。功德山蜿蜒数里,东南通于莲花埂,即今莲花桥;北大路即为观音香路。过街门上有'功德山'石额,过街屋即寿安寺茶亭。直路上山,谓之观音街,亦名花子街。香市以二月、六月、九月为观音圣诞,比之江南大小九华、三茅诸山之胜。上山诸路:东由上方寺过长春桥,入观音街上山;南由镇淮门外虹桥里路,过法海桥、莲花桥,入观音街上山;西由西门街过廿四桥,上司徒庙神道,逾蜀冈西、中二峰上山。若水马头则在九曲池东,甃石为岸,上建枋楔,颜曰'鹭岭云深'。"

《扬州览胜录》卷二:"功德山在蜀冈东峰,亦名观音山,高三十三丈。宋《宝祐志》为摘星寺。明《惟扬志》云:即摘星亭旧址,《方舆胜览》谓之摘星楼。元僧申律开山,明僧惠整建寺,名曰功德山,又曰功德林。后僧善缘建额山门,曰'云林',盐运使严贞为之作记。清乾隆间商人汪应庚以万金鼎新之。高宗南巡,赐'功德林''天池'二额,

又赐'渌水入澄照；青山犹古姿'一联，并'峻拔为主'四字。咸丰洪杨之劫，寺毁，同治中修复，光绪中又毁。僧润之募建未竣，僧至岸续修，经营十余载，土木之功始毕。山半有'功德林'石额，山门面南，可以眺远。《方舆胜览》所谓'江淮南北一览可尽'，即指是地。山门内丈六金身对立两坪，二门内塑金刚、弥勒、韦陀像。门外西偏围以短垣，名曰'香海'。六月香火盛时，香客均以香投入，夜间光焰上烛层霄，照耀数里。大殿三楹，高大壮丽，中供观音像，左侍龙女，右侍善才，东西两坪分坐十八应真。后墙画五十三参故事。殿东小殿三楹，为百子堂，妇人入山求子者，均来此祈祷。大殿后建楼三楹，署曰'摘星楼'，仪征陈观察重庆书。楼外为天池，即清高宗题'天池'二字处。观音圣诞在二月、六月、九月之十九日，香市以六月为盛，六月以十八夕为盛。每届六月，江南北来山进香者，恒数万人，比于江南大小九华、三茅诸山之胜。其十八夕上山者谓之烧夜香。是夕，湖上画舫大小一百八十只，由下街开至功德山麓，十里笙歌，满湖灯火，直至达旦，弦管之声始息。"

有楹联如下：

弘历撰书·额　峻拔为主

渌水入澄照；青山犹古姿。

哼哈殿（山门殿）

有意焚香，何必远求胜境；诚心拜佛，此处即是名山。

天王殿·弥勒佛神龛

开口便笑，笑古笑今，凡事付之一笑；

大肚能容，容天容地，于己何所不容。

天王殿·韦驮神龛

具菩萨心，威灵三洲感应；现将军相，维护正法常兴。

钟楼·王柏龄书额　钟楼·赵朴初撰书

静听钟声，声声普震虚空界；恒持佛念，念念不忘菩提心。

圆通宝殿·殿外廊柱區　南无正法明如来·赵朴初集句书

一身不分皆普现；（《妙法莲华经》句）

万机咸应悉无违。（《妙法莲华经》句）

圆通宝殿·殿内·赵朴初集句书

慈眼视众生，弘誓深如海；（《观音经》句）

慧日破诸闇，普明照世间。（《观音经》句）

文殊殿·三宝弟子原果敬献·丁超书

华严圣，七佛师，智高德重；般若海，三界尊，叹大褒圆。

壬申（1992）春

普贤殿

普贤愿王，度众生道归极乐；菩提心切，弘佛道返入娑婆。

地藏殿·胡宝厚撰书

地狱未空，誓不成佛；众生度尽，方证菩提。

般若堂·茗山撰书

观自在菩萨，行深般若，照见真空度苦厄；

陈弥陀如来，悲悯娑婆，愿垂接引上莲台。

般若堂·刘昌裔撰书

一苇渡江，源溯六祖；九年面壁，理悟三乘。

般若堂·张金沙撰书

　　闻经顿入三摩地；得法高超六欲天。

般若堂·佚名撰书

　　馨祝檀越多福寿；祈愿国运永昌隆。

西方三圣殿·胡宝厚撰·抑之书

　　曲径徜徉，落日熔金，观想西方第一景；

　　趺跏静坐，清风明月，领悟人间上乘禅。

紫竹林·佚名撰书

　　心印相传，由悟证弘宣正法；观音应世，以慈悲普摄群机。

紫竹林·江轸光撰·刘柏龄书

　　松声竹声疏雨声，声声自在；山色水色烟雾色，色色宜人。

鉴　楼

紫竹林·旧联·李昌集重书

乍来顿远尘嚣,静听松风真快意;久坐莫嫌枯寂,饱看竹色自清凉。

紫竹林·观音像两侧·岳晨曦撰·张金沙书

渡众生在白莲座上;挽浩劫于紫竹林中。

锡福堂·朱福烓撰·王板哉书

多福自求,唯造福方能得福;昊天可问,缘顺天乃复胜天。

锡福堂·夏友兰撰·何瑞生书

山间明月,小院清幽,偶品香茗澄杂虑;

江上雄风,神州奋发,共挥彩笔绘宏图。

永怡堂·许从慎集句书

山中习静观朝槿;(王维)松下清斋折露葵。(王维)

夕照亭·卞雪松书

天意怜幽草;人间重晚晴。

迷楼·夏友兰撰·蒋永义书

数重楼苑,万顷江田,碧荷映日,紫竹浮烟,千古迷人繁盛地;

十里春风,一湾湖水,白塔凌空,绿杨垂岸,九州耀眼艳阳天。

迷楼·魏之祯集句书

绮罗何处空隋苑;(王士祯)风景依然在蜀冈。(王士祯)

11.山亭野眺

园在观音山半,前临保障河。

《广陵名胜图》:"理问衔程璹建,候选道程如霍重修。前为南楼,为深竹厅。山后临池为屋,曰'芰荷深处'。今程玓、鲍光猷又修。"

《广陵名胜全图》:"山势嵚崎而下,程璹为亭于山之半。春当三月,西望秋桃始华,绯红满谷,灼灼欲燃!其东则有荷池稻田,炎暑初曛,凉飔涑至,绿铺千顷,红艳半塘,皆足骋怀游目。"

《扬州画舫录》卷十六:"山亭野眺,在观音山水马头,有远帆亭,联云:'稼收平野阔(陆游);风正一帆悬(王湾)。'亭旁筑台三四楹,榭五六

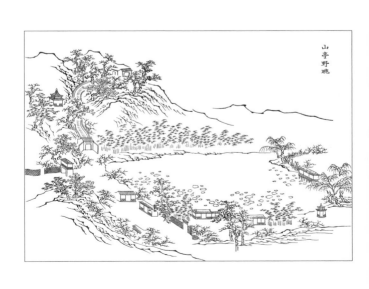

楹。廊腰缦回，阁道凌空。"

有楹联如下：

芰荷深处

　　山翠万重当槛出；（许浑）白莲千朵照廊明。
（薛能）

野眺阁道

　　朱阁簟凉疏雨过；（许浑）远山云晓翠光来。
（许浑）

远帆亭

　　稼收平野阔；（陆游）风正一帆悬。（王湾）

12.双峰云栈

　　园在九曲池北侧，为乾隆时按察使衔程玕建造。

　　《平山堂图志》卷二："蜀冈相传地脉通蜀，故此建栈道以拟之。由万松亭东历石级而下，北过栈道，循山腰东度石梁，南折过栈道，至听泉楼。楼跨九曲池上，与石梁对，其地即古九曲亭旧址也。楼后缘山数折，为香露亭。山上下皆种梅，左右丛桂森翳，故以名之。循山而南，为环绿阁，阁背山临水，右带蜀冈，左眺平野。九曲池水飞流涌瀑数叠，至阁前入保障河，遂成巨浸矣。阁下有桥，曰松风水月桥，巡盐御史高恒书'松风水月'四字，磨刻崖石。"

　　《广陵名胜全图》："双峰云栈，万松岭与功德山，夹涧而峙。按察使衔程玕、布政司理问衔程璜为桥，以通往来。又于功德山之阴，缒幽凿险，筑'听泉楼'。飞泉喷薄，阴森幽邃，尘坌不入，庶几静如太古。"

　　《扬州画舫录》卷十六："双峰云栈在九曲池。《九朝编年录》云：宋艺祖破李重进，驻驿蜀冈寺，有龙斗于九曲池，命立九曲亭以纪其事。是后又称波光

亭。《江都县志》云：乾道二年（1166），郡守周淙重建，以'波光亭'匾揭之。……已而亭废池塞。庆元五年（1199），郭果命工浚池，引注诸池之水，建亭于上，遂复旧观。又筑风台、月榭，东西对峙，缭以柳阴，亦一时清境也。又五龙庙亦作九龙庙，《府志》云：在九曲池侧。……又《府志》云：宋熙宁间（1068—1077）郡守马仲甫于九曲池筑亭，名曰借山。……借山亭下有竹心亭，宋淳熙二年（1175）吴企中建。此皆九曲池古迹。今之双峰云栈，即是地也。双峰云栈在两山中，有听泉楼、露香亭、环绿阁诸胜。两山中为峒，今峒中激出一片假水，漩于万折栈道之下，湖山之气，至此愈壮。"盖"蜀冈中、东两峰之间，猿扳蛇折，百陟百降，如龙游千里，双角昂霄。中有瀑布三级，飞琼溅雪，汹涌澎湃，下临石壁，屹立千尺。乃筑听泉楼。""环绿阁在功德山石隙中，……下有瀑布泻入池中。旁有露香亭，……上建栈道木桥，道上多石壁，桥旁壁上刻'松风水月'四字。"

《扬州览胜录》卷二："其景之胜处，则在蜀冈中、东两峰之间，猿扳蛇折，百陟百降，如龙游千里，双角昂霄。中有瀑布三级，飞琼溅雪，汹涌澎湃。下临石壁，屹立千尺。清乾隆间，上建栈道木桥。道上多石壁，桥旁壁上刻'松风水月'四字，御史高恒书。今栈道木桥虽毁，而两峰间之瀑布，雨后犹有可观。"

此景于 2014 年已在原址重建竣工。

有联句如下：

环翠阁

碧树环金谷；（柳宗元）遥天倚黛岑。（韦庄）

听泉楼

瀑布杉松常带雨；（王维）橘州风浪半浮花。（陆龟蒙）

露香亭

泽兰侵小径；（王勃）流水响空山。（法振）

瘦西湖北区

13.九曲池

园在微波峡以北,保障河尽头。园内"接驾厅"为当时官商迎接乾隆帝所建,故名。

《扬州名胜录》卷四:"微波峡在两山之间,峡东为'锦泉花屿',峡西为'万松叠翠'。峡中河宽丈许,不能容二舟。故画舫至此方舟者,皆单棹而入。入而复出,为九曲池。山围四匝,中凹如碗,水大未尝溢,水小未尝涸,今谓之'平山堂坞'。"

嘉庆《重修扬州府志》卷八《山川》:"九曲池在城西北七里大仪乡。《嘉靖志》云:'隋炀帝尝建木兰亭于池上,作《水调》九曲,每游幸时按之,故谓之九曲池。'"

雍正《江都县志》卷十二:"郭杲命工浚池,引诸塘水注之,建亭于上,遂复旧观。又筑风台月榭,东西对峙,缭以柳阴,亦一时胜观也。"

《扬州画舫录》卷十五:"微波峡在两山之间。峡东为锦泉花屿,峡西为万松叠翠。峡中河宽丈许,不能容二舟,故画舫至此,方舟者皆单棹而入,入而复出,为九曲池。山围四匝,中凹如碗。水大未尝溢,水小未尝涸,今谓之平山堂坞。坞中建接驾厅,八柱重屋,飞檐反宇。金丝网户,刻为连文,递相缀属,以护鸟雀。方盖圆顶,中置涂金宝瓶琉璃珠,外敷鎏金。厅中供奉御制《平山堂诗》石刻,后设板桥,桥外则水穷云起矣。"

李伯通《九曲池》:"池水亦何曲,水曲无急流。六朝风月地,自古重扬州。"

14.尺五楼

楼在保障河九曲池坡上,"万松叠翠"北向。

《平山堂图志》卷二:"汪秉德构,在蜀冈之麓。临河西向,为楼五楹。……楼下叠石为山,老桂丛茂。山后由竹径入邃室,为药房。楼西由长廊,至'延山亭'。亭西再折,为'十八峰草堂'(汪世居黄山,黄山有十八峰之故)。堂之前,临高为室,一望平远,隔江诸山,若可指数。"

《扬州画舫录》卷十五:"尺五楼在九曲池西角坡上,大门在炮石桥路北。门内厅事三楹,西为十八峰草堂,东为延山亭。亭东为尺五楼,楼后为药房。十八峰草堂谓黄山有十八峰,(园主)汪氏(汪秉德)居黄山下,旧有是堂,因择园内是屋名之。""延山亭在竹树中,……左右廊舍,比屋连甍。由竹中小廊入尺五楼。楼九间,面北五间,面东四间,以面北之第五间靠山,接面东之第一间,于是面东之间数,与面北之间数同,其宽广不溢一黍,因名曰'尺五楼'。其象本于曲尺,其制本于京师九间房做法。尺五楼面东之第五间楼,下接药房。先筑长廊于药田中,曲折如阡陌。廊竟,小屋七八间,营筑深邃,矮垣镂缋,文砖亚次,令花气往来,氤氲不隔。"

《扬州览胜录》卷二:"阮文达晚年归里,每登尺五楼延山亭避暑。至今平山堂僧人尚能知尺五楼故址之所在。"

15.吴氏园

园在保障河西岸,"蜀冈朝旭"北侧。园景有二:其一"万松叠翠";另一"春流画舫"。

《平山堂图志》卷二:"左逾曲廊,再北有门东向,其中为正厅。门左绕曲廊,西折而北,为方厅,正与'万松亭'对,'万松叠翠'所由名也。厅后稍左,为'涵清阁'。北由竹门出,历山径,为水厅,匾曰'风月清华'。又北,缘河滨山际而行,至'绿云亭'而止。其北,则与蜀冈接矣。"

《广陵名胜全图》:"构形如棹舫,水流不竞,云在俱迟,有'船如天上坐'之意。"

《扬州画舫录》卷十五:"万松叠翠在微波峡西。一名吴园,本萧家村故址,多竹。中有萧家桥,桥下乃炮山河分支由炮山桥来者。春夏水长,溪流可玩。上构厅事三楹,

厅后多桂,筑桂露山房。下为春流画舫,由是过萧家桥入清阴堂。堂左登旷观楼,楼左步水廊,颜曰'嫩寒春晓'。厅后为涵清阁,阁左筑水厅,颜曰'风月清华'。至此山势渐起,松声渐近,于半山中建绿云亭,题曰'万松叠翠'。"又云:"是园胜概,在于近水。竹畦十余亩,去水只尺许,水大辄入竹间。因萧村旧水口开内夹河通于九曲池,遂缘旧堤为屿,屿外即微波峡西岸,近水楼台,皆于此生矣。"

李澄《梦花杂志》:"蜀冈为扬州胜游之地。每春夏间,都人士女,及富商大贾,游宴无虚日,水则舟衔,陆则踵接。及冬日,冈上万松,青翠直拔,时引北风声作怒涛。平望则旷如杳如,俯视则窈如莘如。水溔如寂如,竹木萧萧如,风来嘎嘎如,譬诸美人抹去脂粉,转见真色。"

《扬州览胜录》卷二:"万松叠翠故址在蜀冈下微波峡西,即湖之西岸,正与蜀冈上万松亭对,'万松叠翠'所由名也。旧为北郊二十四景之一。清乾隆间奉宸苑卿吴禧祖构。园内旧有桂露山房、春流画舫、清荫堂、旷观楼、嫩寒春晓、涵清阁、风月清华、绿云亭诸胜,其'万松叠翠'四字即题于绿云亭内者也。"

有楹联如下:

绿云亭

　　山深松翠冷;(朱庆余)树密鸟声幽。(崔翘)

桂露山房

　　流风入座飘歌扇;(李邕)冷露无声湿桂花。(王建)

涵清阁

    云林颇重叠;(贾岛)池馆亦清闲。(白居易)

旷观楼

    烟草青无际;(周伯琦)溪山画不如。(杜牧)

清阴堂

    风生北渚烟波阔;(权德舆)雨歇南山积翠来。(李
憕)

风月清华屋

    舟将水动千寻日;(张说)树出湖东几点烟。(曹邺)

春流画舫

    仙扉傍岩崿;(皮日休)小槛俯澄鲜。(张祜)

嫩寒春晓屋

    鹤群常扰三株树;(司空图)花气浑如百和香。(杜
甫)

16.锦泉花屿

    园在保障湖东岸,水竹居之北。先后相继为吴氏、张氏
所建。

    《平山堂图志》卷二:"园分东、西两岸,一水间之。水中
双泉浮动,波纹粼粼,即'锦泉花屿'之所由名也。"

    《广陵名胜图》:"前员外郎吴山玉旧业,知府衔张正治
重修,今张大兴又修。门前,古藤蟉辖,蒙络披离。稍进而左,
则'锦云轩'。牡丹开时,灿若叠锦。涧西有'微波馆',源
泉出涧中,盈而不竭。"

    《扬州画舫录》卷十四:"锦泉花屿,张氏别墅也。徐工
之下,渐近蜀冈,地多水石花树,有二泉:一在九曲池东南角,
一在微波峡,遂题曰'锦泉花屿'。由菉竹轩、清华阁,一路
浓阴淡冶,曲折深邃,入笼烟筛月之轩。至是,亭沼既适,梅
花缤纷。山上构香雪亭、藤花书屋、清远堂、锦云轩诸胜,旁

锦泉花屿

锦泉花屿

锦泉花屿

构梅亭。山下近水,构水厅,此皆背山一面林亭也。山下过内夹河入微波馆,馆在微波峡之东岸。馆后构绮霞、迟月二楼,复道潜通,山树郁兴。中构方亭,题曰'幽岑春色'。馆前小屿上,有种春轩。篆竹轩居蜀冈之麓,其地近水,宜于种竹,多者数十顷,少者四五畦。居人率用竹结屋四角,直者为柱楣,撑者榱栋,编之为屏,以代垣堵,皆仿高观竹屋、王元之竹楼之遗意。张氏于此仿其制,构是轩,背山临水,自成院落,盛夏不见日光。上有烟带其杪,下有水护其根,……佳构既适,陈设益精。竹窗竹槛,竹床竹灶,竹门竹联。……盖是轩皆取园之恶竹为之。于是园之竹益修而有致。过篆竹轩,舍小于舟,……盖清华阁也。笼烟筛月之轩,竹所也。……游人至此,路塞语隔。身在竹中,不闻竹声。湖上园亭,以此为第一竹所。""竹外一亭翼然,额曰'香雪'……藤花榭,长里许,中构小屋,额曰'藤花书屋'。""遂构清远堂于藤花书屋之北,以为是园宴宾客之地。……锦云轩在东岸最高处,多牡丹,园中谓之牡丹厅。""东岸观音山尾,任嘉卉恶木,不加斧斤,令其气质敦厚。中有古梅数株,……惟花时香出,……乃可得见,爰于其上建梅花亭。亭外半里许,竹疏木稀,岸与水平,临流筑室,称曰水厅。微波峡,两山夹谷,波路中通,树木青丛,拂蓬牵船,狭束已至,行之若穷,山转水折,忽又无际,东岸构微波馆。""馆后绮霞楼,……楼后复道四达,层构益高,额曰'迟月楼'。楼后峡深岚厚,美石如惊鸿游龙,怪石如山魈木客,偃蹇嵯巍,匿于松杉间。……构亭其上,额曰

波光亭

'幽岑春色',馆前宛转桥渡入小屿。屿上构种春轩,如杭州之水月楼,冯积困之无波艇。是园为张氏所建,张正治,字宾尚,诸生。"

《扬州览胜录》卷二:"锦泉花屿故址,清乾隆间为知府张正治园。其景分东、西两岸,一水间之。水中双泉浮动,波纹鳞鳞,即'锦泉花屿'之所由名。北郊二十四景中之'花屿双泉'指此。其东岸一段在水竹居右,旧有篆竹轩、清华阁、笼烟筛月之轩、香雪亭、藤花榭、清远堂、锦云轩、梅亭、水厅诸胜。墙外即观音山,其西岸一段为微波馆。馆后与东岸之藤花榭相对,馆前为台。台右为长桥,直南至种春轩,桥北为迟月楼,楼右为小阁,题曰'幽岑春色',此景亦久废。"

2009年,于万花园北区中,即园之旧址,重建是园,然与史上园景相去甚远。

录楹联如下:

绮霞楼

　　春秋多佳日;(陶潜)山水有清音。(左思)

篆竹轩

　　竹动疏帘影;(卢纶)花明绮陌春。(王涯)

清远堂

　　窗含远色通书幌;(李贺)雪带东风洗画屏。(许浑)

藤花书屋

　　云遮日影藤萝合；（韩翊）风带潮声枕簟凉。（许浑）

微波馆

　　川源通霁色；（皇甫冉）杨柳散和风。（韦应物）

牡丹厅

　　平分造化双苞去；（徐仲雅）更占人间第一香。（韩琦）

香雪亭

　　香中别有韵；（崔道融）天意欲教迟。（熊皎）

东北门·刘柏龄书匾　锦泉花屿·旧联　蒋永义书

　　风生碧涧鱼龙跃；（曹松）月照青山松柏香。（卢纶）

香雪亭·卞雪松书匾　香雪亭·旧联　熊百之书

　　柳占三春色；（温庭筠）荷香四座风。（刘威）

17.蜀冈朝旭

该园位于保障河西岸,筱园之北,为清乾隆时按察使李志勋所建,候选道张绪增重建。乾隆于 1762 年和 1784 年曾前后两次巡于此,并赐名"高咏楼"。今废。

《广陵名胜图》:"自双画舫北折,循长堤登山,有亭曰'指顾三山'。亭后东折而下,为射圃,为竹楼,为迎晖亭。左近蜀冈,初日照万松间,如浮金叠翠。所谓'西山朝来,致有爽气'者也"。

《扬州画舫录》卷十五:"蜀冈朝旭,李氏别墅也。李志勋筑初日轩、眺听烟霞、月地云阶诸胜。今归临潼张氏(绪增),至乾隆壬午(二十七年,1762)是园临河建楼,恭逢赐名高咏。……又赐'清韵堂'额。楼前本保障湖后莲塘,张氏因之,辇太湖石数千石,移堡城竹数十亩。故是园前以石胜,后以竹胜,中以水胜,由南岸堤上过筱园外石板桥,为园门,门内层岩小壑,委曲曼回。石尽树出,树间筑来春堂。厅后方塘十亩,万竹参天,中有竹楼。竹外为射圃,其后土山又起,上指顾三山亭。过此为园后门,门外即草香亭。

"高咏楼,本苏轼题《西江月》处,张轶青《登三贤祠高咏楼》诗云:'享祀名贤地最幽,新删修竹起高楼。冈形西去连三蜀,山色南来自五洲。可惜典型徒想像,若经舣

蜀冈朝旭

泳更风流。人间行乐何能再,聊倚栏杆散暮愁。'张喆士诗云:'肃穆灵祠一水傍,更深层构纳秋光。竹间云气随吴岫,帘外松声下蜀冈。异代同时俱寂寞,西风落木正苍凉。登临不尽千秋感,独凭花栏向夕阳。'今楼增枋楔,下甃石阶。楼高十余丈,楼下供奉御赐'山堂返棹留闲憩;画阁开窗纳景光'一联。楼上联云:'佳句应无敌(崔桐);苏侯得数过(杜甫)。'"

《浮生六记》卷四:"过桥见三层高阁,画栋飞檐,五采绚烂,叠以太湖石,转以白石阑,名曰'五云多处',如作文中间之大结构也。过此名'蜀冈朝旭',平坦无奇,且属附会。将及山,河面渐束,堆土植竹树,作四五曲。似已山穷水尽,而忽豁然开朗,平山之万松林已列于前矣。"

《扬州览胜录》卷二:"高咏楼故址在筱园西北、湖之西岸,与东岸之'石壁流淙'相对。其地与蜀冈渐近,为清乾隆间按察使李志勋之园。园之景曰'蜀冈朝旭',门面南,'高咏楼'三字石刻为清高宗书。园内旧有来春堂数椽,潇洒临溪,屋旷如亭,流香艇、含青室、初日轩、青桂山房、十字廊、指顾三山亭、射圃、竹楼、香草亭诸胜。香草亭右即为'万松叠翠'。《画舫录》云:'高咏楼本苏轼题《西江月》处。'清高宗诗云'山塘(堂)返棹闲流憩,画阁开窗纳景光',即题此楼句。此景久毁,惟'高咏楼'石刻三字今犹嵌于长春岭月观北之御碑亭壁中。余游湖上每见之。也谓高咏楼故址在长春岭麓,非是。今据《平山堂图志》正之。"

有楹联如下:

来春堂

一片彩霞迎曙日;(杨巨源)万条金线带春烟。(施肩吾)

流香艇

重檐交密树;(王勃)花岸上春潮。(清江)

高咏楼·弘历撰书

山堂返棹留闲憩;画阁开窗纳景光。

水月清怀同迥照;神仙翰墨有余芬。

高咏楼·佚名书

佳句应无敌;(崔峒)苏侯得数过。(杜甫)

含青室

日交当户树;(苏颋)花绕傍池山。(祖咏)

初日轩

池塘月撼芙蕖浪;(方干)罗绮晴娇绿水洲。(孟浩然)

青桂山房

从此不知兰麝贵;(裴思谦)相期共斗管弦来。(孟浩然)

西北门·阮衍云书區 蜀冈朝旭·旧联 李秋水书

松排山面千重翠;(白居易)日校人间一倍长。(陆龟蒙)

18. 水竹居

该园在白塔晴云之北,瘦西湖东岸。又名"徐工"或称"石壁流淙"。

周汝昌认为,《红楼梦》中之怡红院风光,或许是以扬州水竹居为蓝本。他在《曹雪芹和江苏》一文中说:"似乎只有曹雪芹到过扬州,受到'水竹居'实景启发,这一可能性好像更大些。"

石壁流淙一景,初辟于乾隆年间,后渐荒废。2007年春虽重建,然与史上园景相去甚远。

《广陵名胜图》:"旧称'石壁流淙',奉宸苑卿衔徐士业园。其侄候选道徐骐牲、候选运同徐宥先后修葺。园前面河,后依石壁。水中沙屿可通者,曰'小方壶'。并石而起者,为'花潭竹屿'也。……乾隆三十年,皇上赐名'水竹居'。"

石壁流淙

《扬州画舫录》卷十四："石壁流淙，一名'徐工'，徐氏别墅也。乾隆乙酉（1765），赐名'水竹居'。御制诗云：'柳堤系桂舣，散步俗尘降。水色清依榻，竹声凉入窗。幽偏诚独擅，揽结喜无双。凭底静诸虑，试听石壁淙。'是园由西爽阁前池内夹河入小方壶，中筑厅事，额曰'花潭竹屿'。厅后为静香书屋，屋在两山间，梅花极多。过此上半山亭，山下牡丹成畦，围以矮垣，垣门临水，上雕文砖为如意，为是园之水马头，呼为'如意门'。门内构清妍室，室后壁中有瀑入内夹河。过天然桥，出湖口，壁中有观音洞，小廊嵌石隙，如草蛇云龙，忽现忽隐，苕玉居藏其中。壁将竟，至阆风堂，壁复起折入丛碧山房，与霞外亭相上下；其下山路，尽为藤花占断矣。盖石壁之垫，驰奔云蠹，诡状变化，山榴海柏，以助其势，令游人樊跻弗知何从。如是里许，乃渐平易，因建碧云楼于壁之尽处，园内夹河亦于此出口。楼右筑小室四五间，赐名'静照轩'。轩后复构套房，诡制不可思拟，所谓'水竹居'也。园后土坡上为鬼神坛，坛左竹屋五六间，自为院落，园中花匠居之。""厅西屿上筑屋两三间，名曰小方壶。水廊西斜，蓼蒲兰皋，接径而出。中有高屋数十间，题曰花潭竹屿。……屋后危楼百尺，栏槛涂金碧，楹柱列锦绣，望之如天霞落地。右入浅岸，种老梅数百株，枝枝交让，尽成画格。中建静香书屋，汲水护苔，选树编篱，自成院落，如隔人境。""静香书屋之左，土径如线，隐见草际，干松湿云，怪石路齿，建半山亭以为游人憩息之所。"

石壁流淙

"石壁流淙,以水石胜也。是园荟巧石、磊奇峰、潴泉水,飞出巅崖峻壁,而成碧淀红涔,此石壁流淙之胜也。先是土山蜿蜒,由半山亭曲径透迤至此,忽森然突怒而出,平如刀削,峭如剑利。襞积缝纫,淙嵌洑岨,如新篁出箨,匹练悬空,挂岸盘溪,披苔裂石,激射柔滑,令湖水全活,故名曰'淙'。淙者,众水攒冲,鸣湍叠濑,喷若雷风,四面丛流也。"

记有楹联:

清妍室

  露气暗连青桂苑;(李商隐)春风新长紫兰芽。(白居易)

碧云楼

  烟开翠扇清风晓;(许浑)花压阑干春昼长。(温庭筠)

静照轩·沙孟海撰书

  小窗多明使我久坐;白云如带为鸟飞来。

金农书匾　静香书屋(集字)·旧联(无款)

  飞塔云霄半;(刘宪)书斋竹树中。(李频)

天然桥·无款匾　天然桥·旧联(无款)

  天上碧桃和露种;(高蟾)门前荷叶与桥齐。(张万顷)

石舫·石额　蒔玉·旧联(无款)

  山月映石壁;(王维)春星带草堂。(王维)

水竹居·额　水竹居·弘历撰书

  水色清依榻;竹声凉入窗。

水竹居

19.筱园

筱园,本小园,位于瘦西湖西岸。其东濒湖水,康熙五十五年(1716),程梦星归里,购而新之。1755年,卢雅雨葺而治之。1784年,园归汪廷璋,人称汪园。后改为三贤祠,题曰"三过留踪",为清二十四景之一。

筱园之名,源于多竹,后以芍药著称。清代程梦星《初筑筱园》注:"有竹近十亩,故以'筱'名。"《筱园十咏》诗序:"园在郭西北,

其西南为廿四桥。蜀冈逶迤而来,可骋目见者,栖灵、法海二寺也。上下雷塘、七星塘,皆在左右。因得'夕阳双寺外,春水五塘西'二语,书为堂联。"

《平山堂图志》卷二:"筱园花瑞,在三贤祠西,按察使汪泰所辟。临高西向为亭,曰'瑞芍'。其下为芍田,广可百亩。扬州芍药甲天下,载在旧谱者,多至三十九种,年来不常,厥品双歧、并萼、攒三、聚四,皆旧谱所未有,故称'花瑞'焉。"

《广陵名胜图》:"初为编修程梦星别墅,后汪廷璋等辟其西广数十亩为芍药田,有并头三萼者,因作'瑞芍亭',以纪胜。"

《扬州画舫录》卷十五:"筱园,本小园,在廿四桥旁,康熙间土人种芍药处也。……园方四十亩,中垦十余亩为芍田,有草亭,花时卖茶为生计。田后栽梅树八九亩。其间烟树迷离,襟带保障湖,北挹蜀冈三峰,东接宝祐城,南望红桥。康熙丙申(康熙五十五年,1716),翰林程梦星(字伍乔,一字午桥)告归,购为家园,于园外临湖浚芹田十数亩,尽植荷花,架水榭其上。隔岸邻田效之,亦植荷以相映。中筑厅事,取谢康乐'中为天地物,今成鄙夫有'句,名'今有堂'。种梅百本,构亭其中,取谢叠山'几生修得到梅花'句,名修到亭。凿池半规如初月,植芙蓉,畜水鸟,跨以略约(步石)。激湖水灌之,四时不竭。名初月沜。今有堂南,筑土为坡,乱石间之,高出树杪,蹑小桥而升,名南坡。于竹中建阁,可眺可咏,名来雨阁。又筑平轩,……名畅余轩。堂之北偏,杂植花药,缭以周垣,上复古松数十株,名馆松庵。芍山旁筑红药栏,栏外一篱界之。外垦湖田百顷,遍植芙蕖,朱华碧叶,水天相映,名曰藕糜(《毛诗》:'糜'与'湄'通)。轩旁桂三十株,名曰桂坪。是时红桥至保障湖,绿杨两岸,芙蕖十里。久之湖泥淤淀,荷田渐变而种芹。迨雍正壬子(1732)浚市河,翰林介众捐金,益浚保障湖以为市河之蓄池,又种桃插柳于两堤之上。会构是园(筱园),更增藕塘莲界,于是昔之大小画舫至法海寺而止者,今则可以抵是园而止矣。是园向有竹畦,久而枯死,马秋玉以竹赠之,方士庶为绘《赠竹图》,因以'筱'名园。庚申(1740)冬复于溪边构小亭,澄潭修鳞,可以垂钓;莲房芡实,可以乐饥……名之曰小漪南。……

"三贤祠即筱园,乾隆乙亥(1755),园就圮,值卢雅雨转运两淮,与午桥为同年友,葺而治之。以春雨阁祀宋欧阳文忠公(欧阳修)、苏文忠公(苏轼)、国朝王文简公(王士祯),以小漪南水亭改名苏亭,以今有堂改名旧雨亭。时枝上村、弹指阁改入官司园,因于堂后仿弹指阁式建楼,名曰仰止楼。……复于药栏中构小室数十间,招僧竹堂居之,以守三贤香火。其下增小亭,颜曰'瑞芍'。逾年,午桥卒,转运(卢雅雨)僦园赀赡其后人。……

"筱园花瑞即三贤祠。乾隆甲辰(1784),归汪廷璋,人称为汪园。于熙春台左撤苏亭,构阁道二十四楹,以最后之九楹,开阁下门为筱园水门。"

《扬州览胜录》卷二:"筱园故址在熙春台与古三贤祠西,本名小园,清康熙间土人种芍药处也。乾隆间归按察使汪焘,建瑞芍亭于其中,下为芍田,广可百亩。乾隆乙卯(1795),园中开金带围一枝、大亭红三蒂一枝、玉楼子并蒂一枝,时称盛事。故题其景曰'筱园花瑞'。芍田西北百步至二十四桥。"

《扬州名胜录》卷四:"小园,在廿四桥旁,康熙间土人种芍药处也。园方四十亩,中垦十余亩为芍田,有草亭。花时卖茶为生计。田后栽梅八九亩,其间烟树迷离,襟带保障湖。……康熙丙申,翰林程梦星告归,购为家园。"罗两峰于1773年,绘有《饮筱园图》传世。

有楹联如下:

翠霞轩

　　日映文章霞细丽;(元稹)山张屏障绿参差。(白居易)

仰止楼·顾南原撰书

　　夕阳双寺外;春水五塘西。

小漪南水亭

　　东坡何所爱;(白居易)仙老暂相将。(杜甫)

20.廿四桥(旧址)

该桥位于念泗路上。《扬州画舫录》中记载之廿四桥即吴家砖桥,一名红药桥。系单拱砖桥,南北走向,桥宽4.2米,长11.4米。1985年拓宽公路时,桥上路面加宽,但原桥结构未动,仍在路面下。现为市级文物保护单位,瘦西湖公园外又一文物古迹。

清·高翔绘《二十四桥图》

1957 年丰子恺绘二十四桥

1990 年建设的二十四桥

二十四桥景区

21.听箫园

园在廿四桥岸,熙春台后。

《扬州画舫录》卷十五:"编竹为篱门,门内栽桃、杏花,横扫地轴。帘取松毛缚棚三尺,溪光从茅屋中出。桑雉桂鱼,山茶村酿。朱唇吹火,玉腕添薪,当炉之妇,脍炙一时。故游人多集于是,题咏亦富"。

《扬州梦香词》:"扬州好,桥接听箫园。粉壁漫题今日句,水牌多卖及时鲜。能到是前缘。"

有楹联:

金棕亭集联云:

　　　　圣代即今多雨露;(高适)酒炉终古擅风流。(李商隐)

22.春台祝寿

该处在保障河西南,"平流涌瀑"西偏,为清代乾隆年间北郊二十四景之一。《平山堂图志》称"熙春台",《扬州画舫录》则称"春台祝寿"。1988年12月,熙春台及游廊、十字阁复建竣工。

《扬州画舫录》卷十五:"春台祝寿,在莲花桥南岸,汪氏所建。由法海桥内河出口,筑扇面厅,前檐如唇,后檐如齿,两旁如八字,其中虚棍,如折叠聚头扇。厅内屏风窗牖,又各自成其扇面。最佳者,夜间燃灯厅上,掩映水中,如一碗扇面灯。"又云:"熙春台,在新河曲处,与莲花桥相对,白石为砌,围以石栏,中为露台。第一层横可跃马,纵可方轨,分中左右三阶皆城。第二层建方阁,上下三层。下一层额曰'熙春台',联云:'碧瓦朱甍照城郭(杜甫);浅黄轻绿映楼台(刘禹锡)。'柱壁画云气,屏上画牡丹万朵。上一层旧额曰'小李将军画本',王虚舟书,今额曰'五云多处',联云:'百尺金梯倚银汉(李顺);九天钧乐奏云韶(王淮)。'柱壁屏幛,皆画云气,飞甍反宇,五色填漆,上覆五色琉璃瓦,两翼复道阁梯,皆螺丝转。左通圆亭重屋,右通露台,一片金碧,照耀水中,如昆仑山五色云气变成五色流水,令人目迷神恍,应接不暇。"又,卷十八云:"湖上熙

熙春台

熙春台窗景

春台,为江南台制第一杰作。"

《广陵名胜图》:"乾隆二十二年(1757),奉宸苑卿衔汪廷璋起'熙春台'。其子按察使衔焘、其弟候选道元珽重修。飞甍丹槛,高出云表。又于其左,为曲楼数十楹,以属于筱园。今廷璋侄孙议叙四品职衔承壁再修,为两淮人士献寿呼嵩之所。"

《扬州览胜录》卷二:"熙春台故址,《画舫录》称在新河曲处,与莲花桥相对。……其旧景为'春台祝寿',起始于莲花桥南岸,清乾隆间汪廷璋建,称为湖上台榭第一,北郊二十四景中之'春台明月'即此。台高数丈,飞甍丹槛,上出云表。台下琢白石为栏,列置湖石,艺诸卉果。台上左右为复道,堂前为露台,为廊,为阁,并有玲珑花界、镜泉楼、含珠堂诸胜,久毁。今姑考证其地,以待兴复。"

联句如下:

环翠楼

冉冉修篁依户牖;(包何)瞳瞳初旧照楼台。(薛逢)

含珠堂

野香袭荷芰;(皎然)池色似潇湘。(许浑)

熙春台

百尺金梯倚银汉;(李颀)九天仙乐奏云韶。(王涯)

熙春台·舒同书匾　熙春台·江湘岚撰·启功书

胜地据淮南,看云影当空,与水平分秋一色;

扁舟过桥下,闻箫声何处,有人吹到月三更。

十字阁·旧联　章炳文书

碧瓦朱甍照城郭;(杜甫)浅黄轻绿映楼台。(刘禹锡)

十字阁·孙轶青撰书

胜地重彩,在红藕花中,绿杨荫里;箫声依旧,看长天一色,朗月当空。

23.平流涌瀑

该园位于保障河西南,莲性寺西侧。

《广陵名胜图》:"汪廷璋等建,在熙春台右。有亭跨水上,水由亭下,前过石桥,入河,是为'平流涌瀑'。循山麓,穿竹径,数折而西,为'环翠楼'。今承壁扩而大之,规模宏敞,与台相垺。迤右为'含珠堂',又增建'绮绿轩''半笠亭'。修廊邃室,补置花

木竹石,与熙春台相映带。"

有楹联如下:

水榭·旧联　魏之祯书

　　红桃绿柳垂檐向;(王维)碧石青苔满树阴。(李端)

水榭·欧阳中石书匾　玲珑花界·旧联　葛昕书

　　花柳含丹日;(宋之问)楼台绕曲池。(卢照邻)

观芍亭·郑板桥书匾　观芍亭(集字)·旧联　王板哉书

　　繁华及春媚;(鲍照)红药当阶翻。(谢朓)

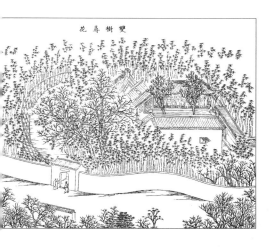

24.双树庵

庵在长春桥以西二里。清朝宗室、两江总督兼署两淮盐政麟庆,有《鸿雪因缘图记·双树寻花》:"见长墙逶迤,下砌石作虎皮纹。入门,万竹参天,绿云满地。沿篱西北行,與入山门,见双树合抱,老干槎枒,干冲霄汉。循廊右转,琼蕊飞香。"时有玉兰二株,开时亭亭,亦花之胜。

25.白塔晴云

园为乾隆时按察使程宗扬、州同吴辅椿先后营造,后归候选道张霞重修,继归运副巴树保葺居。1984年,扬州市园林管理局于旧址重建。

《广陵名胜图》:"对岸,与莲性白塔对,故名。"

《扬州画舫录》卷十四:"在莲花桥北岸。岸湑外拓,与浅水平。水中多巨石,如兽蹲踞。水落石出,高下成阶。上有奇峰壁立,峰石平处刻'白塔晴云'四字。阶前高屋三间,名曰'桂屿'。屿后为花南水北之堂,堂右为积翠轩。轩前建半青阁,阁临园中小溪河。溪西设红板桥,桥西梅花里许。筑之字厅,厅外种芍药。其半为芍厅,前为兰渚,后为苍筤馆。

复数折入林香草堂,堂后入种纸山房。其旁有归云别馆,外为望春楼,楼右为西爽阁。

"(莲花)桥南小屿,种桂楼百株,构屋三楹,去水尺许。……屋前缚矮桂作篱,将屿上老桂围入园中。山后多荆棘杂花中,后构厅事,额曰'花南水北之堂'。……积翠轩在屿北树间……屿西半青阁,……阁前嵌石隙,后倚峭壁。左角与积翠轩通,右临小溪河。窗拂垂柳,柳阑绕水曲,阁外设红板桥以通屿中人来往。桥外修竹断路""园中芍药十余亩,花时植木为棚,织苇为帘,编竹为篱,倚树为关。游人步畦町,路窄如线,纵横屈曲,时或迷失不知来去。行久足疲,有茶屋于其中,……名曰'芍厅'。""芍厅后于石隙中种兰,早春始花,至于初夏,秋时花盛,一干数朵,谓之兰渚。渚上筑室三间。……过此竹势始大,筑小室在竹中,额曰'苍筤馆'。""春夏之交,草木际天,中有屋数椽,额曰'林香草堂'。……堂后小屋数折,屋旁地连后山,植蕉百余本,额曰'种纸山房'。""种纸山房之右,短垣数折,松石如黛,高阁百尺,额曰'西爽'。其西竹烟花气,生衣袂间,渚宫碧树,乍隐乍现,后山暖融,彩翠交映,得小亭舍,曰'归云

白塔晴云

别馆'。""望春楼前有圆池,左右设二石桥,曲如蟹螯,额曰'一渠春水'。……池前高屋五楹,露台一方。台外即新河湾处,大石侧立,作惊涛怒浪,篁刺蜂房。飞楼杰阁,崛起于云霄之间,复道四通于树石之际。……额曰'小李将军画本'。""西爽阁前夹河外,堤上树木苍茂。构小屋高不盈四五尺。枋楣梁柱,皆木之去肤而成者,名曰'木假亭',如苏老泉木假山之类,今谓之天然木。是园为程宗扬建,今归巴树保。"

清时有载唐杜甫、怀素句联赞誉:"名园依绿水;仙塔俪云庄。"

有楹联如下:

积翠轩

　　叠石通溪水;(许浑)当轩暗绿筠。(刘宪)

花南水北之堂

　　别业临青甸;(李峤)前轩枕大河。(许浑)

苍莨馆

　　竹高鸣翡翠;(杜甫)溪暖戏鸳鸯。(刘长卿)

林香草堂

　　歌绕夜梁珠宛转;(罗隐)山连河水碧氤氲。(陈上美)

半青亭

　　小院回廊春寂寂;(杜甫)碧桃红杏水潺潺。(许浑)

望春楼·郑板桥(集字)匾额　望春楼·旧联　萧平书

　　飞阁凌芳树;(张九龄)双桥落彩虹。(李白)

望春楼·旧联　尉天池书

　　才见早春莺出谷;(韦庄)更逢晴日柳含烟。(苏颋)

望春楼·翁伏深书

　　云卷千峰集;风驰万壑开。

小李将军画本·郑板桥书匾　小李将军画本·旧联　蒋永义书

　　万井楼台疑绣画;(李山甫)千家山郭静朝晖。(杜甫)

小李将军画本·旧联　徐纯原书

　　北榭远峰闲即望;(薛能)月华星采坐来收。(杜荀鹤)

26.莲花桥

　　桥位于瘦西湖内,为扬州标志性建筑。桥建于莲花埂上,故名,上有五亭,又称五亭桥。清乾隆二十二年(1757)创建,屡加修葺。青条石砌筑,正桥平面呈"工"字形,南北两引桥下各为半拱,桥墩列四翼,各有三拱,正侧共十五个桥洞。月明之夜,水中呈现15个月亮奇观,正体现唐诗所谓"天下三分明月夜,二分无赖是扬州"。五亭四角攒尖顶,中亭为重檐,其余四亭为单檐,有廊相连,结构独特,造型优美。2006年被公布为全国重点文物保护单位。

　　《扬州画舫录》卷十三:"莲花桥,在莲花埂,跨保障湖,南接贺园,北接寿安寺茶亭。上置五亭,下列四翼,洞正侧凡十有五。月满时,每洞各衔一月,金色滉漾。乾隆丁丑(1757),高御史创建。"

　　《浮生六记》卷四:"河面较宽,南北跨一莲花桥,桥门通八面,桥面设五亭,扬人呼为'四盘一暖锅'。此思穷力竭之为,不甚可取。桥南有莲性寺,寺中突起喇嘛白塔,金顶缨络,高矗云霄,殿角红墙,松柏掩映,钟磬时闻,此天下园亭所未有者。"

　　《扬州览胜录》卷一:"莲花桥,俗名五亭桥。……观此乃知西湖之三潭印月,不能专美于前。桥上五亭,于民国二十一年(1932)邑人募资重建,计费九千七百余金,至二十二年始落成。仪征陈延韡先生有重修碑记,建立桥之中心。民国壬午(1942),县长潘公宏器重加修葺,复立石碑于桥上。金碧丹青,备极华丽。五亭四角系以金铃,风来泠然有声,清响可听。立桥上,直览全湖之胜。夏日,游人于夕阳西下时多乘画舫小泊桥旁,作招凉之乐。尤以六月十八日夕为最盛。是夕,为观音圣诞前一夕香期,画船多集于桥之前后,高悬明灯,笙歌迭起,至月上后始开往功德山。"

　　朱自清《扬州的夏日》:"五亭桥如名字所示,是五个亭子的桥。桥是拱形,中一亭最高,两边四亭,参差相称;最宜远看,或看影子,也好。桥洞颇多,乘小船穿来穿去,另有风味。"

27.莲性寺

　　莲性寺,一名"法海寺",该寺位于北郊五亭桥南侧。寺前为法海桥,寺后则莲花桥。其名康熙所赐,乾隆南巡,赐额、赐诗。又赐《大悲陀罗经》一部。该寺四面环水,

白塔

中有白塔,有"夕阳双寺楼""云山阁"等胜境。寺毁于咸丰年间,重建于光绪年间。1996年起,又重新修建。现为市级文物保护单位。

白塔建于清乾隆年间,光绪初年重修,建国后多次维修,1965年大修,加固塔身。1984年再修。塔为砖砌,系喇嘛塔,因塔身洁白,故名。塔建于方形台基上,通高约25.75米,台基正中有砖雕须弥座,座上为宝瓶形塔身,中有佛龛,其上是十三层塔刹,刹上置铜葫芦顶。2006年白塔被列为全国重点文物保护单位。

《扬州画舫录》卷十三:"莲性寺在关帝庙旁,本名法海寺,创于元至元间。圣祖赐今名,并御制《上巳日再登金山》诗一首,书唐人绝句一首,临董其昌书绝句一首。上赐'众香清梵'扁,皆石刻建亭,供奉寺中。寺门在关帝庙右,中建三世佛殿,旁庑十余楹,通郝公祠。后建白塔,仿京师万岁山塔式。塔左便门,通得树厅,厅角便门通贺园,厅外则为银杏山房。赵腾翁诗序云:'出天宁门近郊二里,有法海寺精舍一区,曲水当门,石梁济渡,凡游平山者,以此为中道。'僧牧山,字只得,工于诗。"

《清稗类钞·饮食》:"扬州南门外法海寺,大丛林也,以精治肴馔名。宣统己酉夏,林重夫尝至寺,留啖点心,佐以素食之肴馔,甚精,然亦有荤品。设盛席时,亦八大八小,类于酒楼,且咄嗟立办。其所制'焖猪头',尤有特色,味绝浓厚,清洁无比,惟必须豫定。焖熟,以整者上,攫以箸,肉已融化,随箸而上。食之者当于全席资费之外,别酬以银币四圆。李淡吾尝食之,越岁告重夫,谓尚齿颊留香,言时犹津津有余味也!"

《扬州览胜录》卷一:"咸丰兵火,寺毁。光绪中叶初建山门一进,复建云山阁五楹,并重饰白塔。……光绪间,寺僧精烹饪之技,尤以蒸鲥首名于时。当时郡人泛舟湖上者,往往宴宾于云山阁,专啖僧厨鲥首,咸称别有风味,至今故老犹能言之。民国初,寺僧重修云山阁。……阁中额云'妙因胜境'。……近年寺僧募建大殿三楹,渐复旧观。"

图书目录学家刘梅先,诗赞:"莲花桥南莲性寺,门临曲水长菰蒲。岿然白塔临风立,好衬湖山入画图。"

有楹联如下:

云山阁旧联·李亚如书

　　槛前春色长堤柳;阁外秋声蜀岭松。

云山阁·陈重庆撰书

一枝孤塔,似白鹤飞来,试添金碧楼台,便成北海;

几度游人,被黄鸡催老,哪得乾嘉耆旧,与话南巡。

28.凫庄

凫庄现为市级文物保护单位,建于 1921 年,在瘦西湖中,莲花桥(五亭桥)东南侧,原为乡绅陈臣朔别墅。

《扬州览胜录》卷一:"庄在水中央,门近莲性寺,庄前建小活桥,朱栏曲折,长数丈。游人非由此桥不能入庄。临湖面南构敞厅三楹,厅前上种杨柳,下栽芙蓉,夏季纳凉,足称胜境。厅后怪石兀立,尤擅花木之胜。庄北临湖处构水阁数间。春夏之交,并可临流把钓。庄西北隅建有小阁,可以登临。阁侧塑观音大士像,独立水滨,盖仿南海普陀山'观音跳'遗意,今观音像已为莲性寺僧移供寺内。庄初建时常有文酒之会,今已风流稍歇矣。"

李伯通《与卢令雨生憩凫庄》诗:"客从白下至扬州,招我清潭湖上游。借问秋心何处觅,凫庄新筑最高楼。画意诗情不在多,静无人处耐吟哦。藕花落去鸳鸯去,自在松篁缀女萝。桥上分明见五亭,萧疏岸柳拂池萍。秋光一半归僧院,一半凫庄叠画屏。湖上佳处待经营,露叶风枝鸟亦争。怪底扬州词客伙,谁教秋柳唱新城。"

29.贺氏东园

园在莲性寺侧,山西临汾贺君召建,始建于清代雍正年间,落成于乾隆九年(1744)五月,清嘉庆后园废毁。

贺君召《扬州东园题咏序》:"扬之游事,盛于北郊。香舆画船,往往倾城而出。率以平山堂为诣极,而莲性寺则中道也。余乡人所创关侯祠侧,隙地一区,界寺之东。丛竹大树,蔚有野趣。爰约同人括而园之。中为文昌殿、吕仙楼,付僧主焉。篱门不扃,以供游者往来,乃未断乎。而舸织舟经题咏者,遍四壁。夫扬州古称佳丽,名公胜流,屡舄交错,固骚坛之波斯市也。城内外名园相属,目营心匠,曲尽观美。而赏者独流连兹地弗衰。将无露台、月榭、华轩、邃馆,外有自得其性情于萧淡闲远者与!昔人园亭,每藉名辈诗文,遂以不朽。兰亭觞咏无论,近吴中顾氏玉山佳处,叩其遗迹,知者鲜矣,而读铁崖、丹邱、蜕岩、伯雨诸公倡和,则所为'绿波斋''浣华馆'之属,固历历在人耳目也。今冬拟归里门,惜壁上作渐次湮蚀,乃就存者,副墨以传,胜赏易陈,风流不坠,不深为兹园幸耶?且以是夸于故乡亲旧,知江南久客,为不虚耳!"

《扬州画舫录》卷十三:"东园即贺园旧址,贺园有翛然亭、春雨堂、品外第一泉、云山阁、吕仙阁、青川精舍、醉烟亭、凝翠轩、梓潼殿、贺鹤楼、杏轩、芙蓉沜、目瞩台、对薇亭、偶寄山房、踏叶廊、子云亭、春山草外山亭、嘉莲亭。今截贺园之半,改筑得树厅、春雨堂、夕阳双寺楼、云山阁、菱花亭诸胜。其园之东面子云亭改为歌台,西南角之嘉莲亭改为新河,春山草外亭改为银杏山房,均在园外。另建东园大门于莲花桥南岸。其云山阁便门,通百子堂。

"春雨堂柏树十余株,树上苔藓深寸许。中点黄石三百余石,石上累土,植牡丹百余本。圩墙高数仞,尽为薜荔遮断。堂后虚廊架太湖石,上下临深潭,有泉即品外第一泉。其北菱花亭……亭北为夕阳双寺楼,高与莲花桥齐,俯视画舫在竹树颠。……云山阁在夕阳双寺楼西,相传为吕申公守是郡时所建,……其址久已无考。……贺园于此建阁,复名云山,今因之。……得树厅银杏二株,大可合抱,枝柯相交。……

"丙寅(乾隆十一年,1746)间,以园之醉烟亭、凝翠轩、梓潼殿、驾鹤楼、杏轩、春雨亭、云山阁、品外第一泉、目瞩台、偶寄山房、子云亭、嘉莲亭十二景,征画士袁耀绘图,以游人题壁诗词及园中扁联汇之成帙,题曰《东园题咏》。"

《扬州名胜录》卷三:"东园即贺园旧址。贺园有翛然亭、春雨堂、品外第一泉、云山阁、吕仙阁、青川精舍、醉烟亭、凝翠轩、梓潼殿、驾鹤楼、杏轩、芙蓉沜、目瞩台、偶寄山房、踏叶廊、子云亭、春山草外山亭、嘉莲亭。今截贺园之半,改筑得树厅、春雨堂、夕阳双寺楼、云山阁、菱花亭诸胜。其园之东面子云亭改为歌台,西南角之嘉莲台改为新河,春山草外山亭改为银杏山房,均在园外。另建东园大门于莲花桥南岸,其云山阁便门通百子堂。"

楹联如下:

云山阁八副

江曲山如画;(许浑)溪虚云傍花。(杜甫)

程南溟撰书

风情合作湖山主;歌吹宁虚花月辰。

王定抡撰书

晴空顿觉纷华隔;山色常疑烟雨多。

龚贤撰书

定香生寂磬;山翠滴疏棂。

王澍撰书

三山近将引;紫极遥可攀。

王澍撰书

数片石从青嶂得;一条泉自白云来。

魏嘉瑛撰书

槛前春色长堤柳;阁外秋声蜀岭松。

贺君召撰书

供桑梓讴吟,几处亭台成小筑;

快春秋游览,一隅丘壑是新开。

春雨堂五副

贺君召撰书

冠飞蝶半亩亭台,就金井玉池,坐见莺花作雨;

抗平山四时风月,遮香车画舫,同流游览长春。

张照撰书

万树琪花千圃药;一庄修竹半床书。

王又朴题匾额　平野青徐·郑篁撰书

烟云送客归瑶水；山木分香绕阆风。

俞鹤撰书

疏钟声远流何处；明月多情在此间。

江恂撰书

近水楼台开梵宇；平山阑槛倚晴空。

醉烟亭四副

程梦星撰书

堤畔莺花桥畔月；竹边歌吹柳边舟。

僧牧山题书

绕槛溪光供潋滟；隔江山色露嵯峨。

朱藻书匾额　风来月到·董文骥书句

半在山隈半水涘；(李云书)亦如石屋亦濠梁。(李云书)

唐建中题书

冶春销夏；延秋款冬。

踏叶廊三副

贺君召撰书

三山入望松筠在；双树无言水月新。

王协撰书

青徐平野阔；幽蓟五云飞。

褚竣题书

几处好山供客座；一川寒月净尘襟。

对薇亭四副

贺君召撰书

夜月桥边留画舫；春风陌上引香车。

汪由敦撰书

当阶瑞色新红药；临水文光净绿天。

刘敬舆撰书

宛转通幽处；玲珑得旷观。

王定抡撰书

风景满清听；群山霭迢瞩。

芙蓉汧二副

王铎撰书

> 花间渔艇近；水外寺声微。

嵇璜撰书

> 一汧芙蓉新出水；千层芳草远浮山。

杏轩二副

贺君召撰书

> 渡江折芦苇；蘸雪吃冬瓜。

沈斌撰书

> 槛外山光，历春夏秋冬，万千变幻，总非凡境；
> 窗中云影，任南北东西，去来淡荡，洵是仙居。

春江草外山亭二副

张祖慰撰书

> 欲因莲舫寻诗社；可借荷钱质酒垆。

朱佐汤撰书

> 醉月花阴竹影；吟风水槛山亭。

贺鹤楼六副

高士钥书额　驾鹤楼·魏嘉瑛撰书

> 真道每吟秋月淡；至言长咏碧波寒。

刘藻撰书

> 一丘藏曲折；纵步有跻攀。

董权文撰书

> 竹里登楼，风引三山不去；花间看月，溪流四序如春。

王掞撰书

> 草衣木食留仙咏；碧落苍梧识道心。

潘伟撰书

> 楼台突兀排青嶂；钟磬虚余下白云。

王承先撰书

> 湾过茱萸，松竹三霄水碧；阶翻红叶，亭台四序天香。

凝翠轩四副

文三桥书额　凝翠轩·李葂撰书

终古招邀山色远；几人爱惜月明多。

李鱓撰书

出郭此间堪歇脚；登楼一望已开怀。

田懋撰书

醉倚晴云留作赋；闲邀明月夜调弦。

梁文山集句并书

雨后静观山意思；(邵康节)风前闲看月精神。(邵康节)

品外泉

金农撰书

寒玉作响；飞泉仰流。

偶寄山房

张嗣衍撰书

红树借邻影；北窗闻水声。

夕阳双寺楼

玉沙瑶草连溪碧；(曹唐)石路泉流两寺分。(权德舆)

菱花亭

苔色侵衣桁；(李嘉祐)荷香入水亭。(周瑀)

得树厅

双树容听法；(杜甫)三峰意出群。(杜甫)

目瞜堂

金农书额　目瞜堂·古斌撰书联匾　偶寄山房

竹影参差；鸟声上下。

贺园梓潼殿三副

高士钥撰书

举阴骘而垂训，鉴槐区德行，权衡富贵，亿万年造化枢机；

积忠孝以成神，典桂籍科名，予夺后先，十五国文章司命。

郭频伽集句书

帝以会昌,神以建福;(《文选》句)

下有风雅,上有日星。(《全唐文》句)

孙嘉淦撰书

天开参井文章府;星焕山河孝友师。

30.小金山(梅岭春深)

该园在保障河中,原名"长春岭",今名"小金山"。1757年,清乾隆年间程志铨所建。现小金山诸景为光绪年间复建,民国二十三年又重有所修建。现为市级文物保护单位。2006年,钓鱼台被列为全国重点文物保护单位。

《扬州鼓吹词序》:"小金山。城北一水通平山堂,名瘦西湖,本名保障湖,其东南有小金山焉。在城北约二三里。昔刘宋时,徐湛之建风亭、月观、吹台、琴室,植花药,种果竹,召集文士,尽游玩之适。至今虽历经重建,其迹仍在。风亭名未改;月观即东厅也;吹台今呼为钓鱼台;其厅悬有一联云:'一水回环杨柳岸;画船来去藕花天',则琴室也。每逢夏日,郡人咸乘小舟徜徉其间,以为乐。日夕归来,小舟点点,如蜻蜓掩映夕阳,直如画境。而扬州之风景游览,亦以此为最盛焉。"

《广陵名胜图》:"梅岭春深,即长春岭。保障河自北而来,与迎恩河会。二水涟漪,回绕山麓。候补主事程志铨植梅岭上,高下各为亭馆。今候选大理寺丞余熙,辟而广之,为堂,为曲槛,为水亭,益增其胜。"

《扬州画舫录》卷十三:"梅岭春深即长春岭,在保障湖中,由蜀冈中峰出脉者也。丁丑(1757)间,程氏(于湖中)加葺虚土,竖木三匝,上建关帝庙,庙前叠石码头。左建玉板桥,右构岭上草堂,堂后开路上岭。中建观音殿。岭上多梅树,上构六方亭。岭西复构小屋三楹,名曰'钓渚'。程氏名志铨,字云恒,……筑是岭三年不成,费工二十万,……后归余氏,余熙字次修。……

"岭在水中,架木为玉板桥。上构方亭,柱栏檐瓦,皆裹以竹,故又名竹桥。湖北人善制竹,弃青用黄,谓之反黄。……是桥则用反黄法为之。关帝庙殿宇三楹,……庙右由宛转廊入岭上草堂,堂在岭东,负山面西,全湖在望。""堂东构舫屋五楹,筑堤十余丈,北对春水廊。南在湖中。大竹篱内,上种杉桐榆柳,下栽芙蓉。堤尽构方亭,游人观荷之地。""岭西一亭依麓,额曰'钓渚'。……亭下有水码头。""西麓石骨露土,

远眺小金山

苔藓涩带。……中有山峒,峒口垒石甃砖为门,涂紫泥墙,额石其上,题曰'梅岭春深'。由是入山,路窄如线,在梅花中蜿蜒而上,枝枝碍人。其下大石当路,色逾铜锈。仰视岭上,路直而滑,不可着足。穿岩横穴,遍地皆梅。……中一亭如翼,南望瓜口,微微辨缕。……又转又折,鸟声更碎,野竹深箐,山绝路隔,忽得小径。攀条下阁道,过观音殿,始登平台,由台阶数十级下平路,宽可五尺,数步至岭上草堂。是岭本以梅岭春深门为上山正路,迨增建观音殿,乃以岭上草堂为山前路,梅岭春深门为山后路。……

"法海桥在关帝庙前,东西跨炮山河。炮山河受蜀冈、金匮、甘泉诸山水,由廿四桥出是桥,乃得与保障湖通,故炮山河亦名保障河。……是桥创建已久,府志以明火指挥重建为始。……惟法海寺建于元至元间,寺既有征,桥以寺名,自当断以元至元间为始。"

《浮生六记》卷四:"再折而西,垒土立庙,曰'小金山',有此一挡便觉气势紧凑,亦非俗笔。闻此地本沙土,屡筑不成,用木排若干,层叠加土,费数万金乃成,若非商家,乌能如是。"

《扬州览胜录》卷一:"长春岭,俗称'小金山',在瘦西湖中,四面环水。岭下题其景曰'梅岭春深',旧为北郊二十四景之一。"

《梵天庐丛录》:"扬州小金山一带,清流环碧,花木扶疏,所谓瘦西湖者也。近来盛行瓜皮艇,游人爱其轻适,每当夕阳西下,一苇杭之,中流容与信为可乐。"

《水窗春呓》盛赞:"如入汉宫图画。"清代默斋主人有《作小金山之游》一诗:

镜里湖光画里身,瓜皮容与两三人。

闲云一片谁相伴,独向渔矶理钓纶。

堤边杨柳柳边桥,湖上青山送六朝。

钓鱼台

聒耳笙歌喧画舫,当筵可忆玉人箫。

桃潭曲曲柳珍珍,风景依稀退省庵。

梦里转疑身是客,扁舟烟雨过江南。

偷得闲身便是仙,风亭月观尽流连。

园林莫问乾嘉旧,屈指承平三十年。

有楹联如下:

李亚如撰书

借取西湖一角,堪夸其瘦;移来金山半点,何惜乎小。

廊柱·翁同龢撰·尉天池重书

弹指皆空,玉局可曾留带去;如拳不大,金山也肯过江来。

左桢撰书

犹有绿杨绕城郭;更无玉带镇山门。

史念祖撰书

二分明月谁家好;两岸钟声何处闻?

左桢撰书

西边有塔云长住;南望无楼景亦多。

琴室·包契常书匾　琴室　丁祖芬撰·魏之祯书

一水回环杨柳外;画船来往藕花天。

　　　　　　　　　　琴室旧有此联,久佚,今补书之。戊午大寒,魏之祯时客扬州。

棋室·尉天池书匾　棋室·康殷撰书

青山载酒呼棋局;紫褵传杯近笛床。

月观·陈重庆书匾　月观·郑燮撰书

月来满地水;云起一天山。

刘蜀生撰书

好句属吾曹,几度闲吟,正绿剪烟芜,红吹云树;

凭栏刚落日,千年此地,有泉名第五,花种无双。

陈重庆撰书

今月古月,皓魄一轮,把酒问青天,好悟沧桑小劫;

长桥短桥,画栏六曲,移舟泊烟渚,可堪风柳多情。

风亭·阮元书匾　风亭·王柏龄旧联　饭牛重书

风月无边,到此胸怀何似;亭台依旧,羡他烟水全收。

梅岭春深

月 观

寒竹风松亭·孙龙父书匾　寒竹风松·旧联　柳曾符重书

江秋逼山翠；日瘦抱松寒。

湖上草堂·伊秉绶撰书匾、联　湖上草堂

白云初晴，旧雨适至；幽赏未已，高潭转清。

湖上草堂·伊秉绶旧联·秦子卿书

莲出绿波，桂生高岭；桐间露落，柳下风来。

邓石如撰书

四围积奇石几层，月色夹空，如窥古涧；

其地有高松百尺，绿荫翳天，时到异人。

晏端书撰书

皓月当空，容光必照；荷花出水，无枝不鲜。

陆费颂垲撰书

别邗江五六年，风亭月榭，记当时蜡屐频游，喜今我来思，依旧琳宫环北郭；

距平山三四里，云岫烟峦，割隔江螺髻一角，恨古人不作，更无玉带镇东坡。

绿荫馆·刘海粟书匾　绿荫馆·陈重庆旧联　夏伊乔书

四面绿荫少红日；三更画船穿藕花。

丙午四月

绿荫馆·徐兆裕撰书

仍从水竹开轩，免辜负十里春风、二分明月；

偶向湖山放棹，好领略红桥细雨、白塔晴云。

绿荫馆

借山叠石因成趣；种竹依花为有香。

吴引孙撰书

水木湛清华，堤畔苇花桥畔月；

夏荷叠映蔚，竹边歌吹柳边舟。

陈重庆撰书

以全湖作明镜观，此处绿云多，好似一弯螺黛影；

于夏日唱招凉曲，泊船斜日后，最宜四面藕花香。

钓鱼台·刘海粟书匾　钓鱼台·启功撰书

浩歌向兰渚；把钓待秋风。

31.桃花坞·徐园

桃花坞与韩园比邻，竹篱为界。乾隆年间为湖上园林看桃花之胜最为著名之处，此园于嘉庆后圮毁。

徐园建于桃花坞故址上，民国四年（1915）扬州乡人为祭祀徐宝山而建，故名。宝应人杨丙炎具体负责施工、营建，是具有公共园林性质的纪念性建筑。该园为市级文物保护单位。

《广陵名胜图》："桃花坞，道衔前嘉兴通判黄为荃筑，福建候选州同郑之汇重修。旧有'蒸霞堂''澄鲜阁''纵目亭''中川亭'诸胜。今增置长廊曲槛，间以水陆诸花，望如错绣。复为高楼山半东向，以收远景。"

《扬州画舫录》卷十三："在长堤上，堤上多桃树，郑氏于桃花丛中构园。"前"长堤春柳"条中，述及桃花自吴园方起。"扫垢山至此，……种树无不宜，居人多种桃树。北郊白桃花，以东岸江园为胜，红桃花以西岸桃花坞为胜。"桃花坞"门在河曲处，与关帝庙大门相对。园门开八角式，石刻'桃花坞'之字额其上。……内构厅事，额曰'疏峰馆'。""桃花坞与韩园比邻，竹篱为界，篱下开门。门中方塘种荷，四旁幽竹蒙翳。构响廊，庋版糜水上，额曰'澄鲜阁'。……自是由水中宛转桥接于疏峰馆之东。疏峰馆之西，山势蜿蜒，列峰如云。幽泉漱玉，下逼寒潭。山半桃花，春时红白相间，映于水面。花中构蒸霞堂，……复构红阁十余楹于半山，一面向北，一面向西，上构八角层屋，额曰'纵目亭'。……至此，则长春岭、莲性寺、红亭、白塔皆在目前。""中川亭树多竹柏，构亭八翼，四面皆靠山脊，中耸重屋。""由蒸霞堂阁道，过岭入后山，四围短垣，蜿蜒透迤，达于法海桥南。路曲处藏小门。门内碧桃数十株，琢石为径，人伛偻行花下，须发皆香。有草堂三间，左数椽为茶屋。屋后多落叶松，地幽辟，人不多至。后改为酒肆，名曰'挹爽'，而游人乃得揽其胜矣。"

有联句如下：

桃花坞四副

中川亭

　　小松含瑞露；（郑谷）好鸟鸣高枝。（曹植）

响廊

　　隔沼连香芰；（杜甫）中流泛羽觞。（陈希烈）

蒸霞堂

　　桃花飞绿水；（李白）野竹上青霄。（杜甫）

徐 园

纵目亭

　　地胜林亭好;(孙逖)月圆松竹深。(无可)

徐园十九副

亭子

　　日暮倚修竹;(杜甫)隔浦望人家。(王维)

听鹂馆·阮元撰书

　　江波蘸绿岸堪染;山色迎人秀可餐。

听鹂馆·徐培深书匾　听鹂馆·陆润庠撰书

　　绿印苔痕留鹤篆;红流花韵爱莺簧。

听鹂馆·李圣和撰书

　　斗酒双柑,三月烟花来胜侣;湖光山色,四时风物待游人。

徐园

疏峰馆·王板哉书匾　疏峰馆·旧联　许慎书

　　千重碧树笼春苑;(韦庄)一桁晴山倒碧峰。(韦庄)

癸亥秋海陵许慎

春草池塘吟榭·姚元之书匾　春草塘吟榭·旧联　魏之祯书

　　碧落青山飘古韵;(杜牧)绿波春浪满前陂。(韦庄)

春草池塘吟榭·陈含光撰

　　烟景四时新,闻鼓鼙之声,则思将帅;

　　丛祠千古事,虽潢污一水,可荐鬼神。

春草池塘吟榭·王文藻撰

　　垒石穿池,桃坞有香仙露浣;晓风残月,柳堤无恙将星孤。

春草池塘吟榭·佚名撰

　　秋雨一帘苏子竹;春烟半壁米家山。

碑亭·陈含光撰

　　感旧永怀,痛心怵目;策功茂实,勒碑刻名。

享堂·李遵义撰

　　君岂钱婆留,老妪能名,至今思风旆云车,隐隐犹来天上;

　　世上曹孟德,英雄安在,令我抚江梅湖柳,年年愿拜祠前。

享堂·周光熊撰

听鹂馆

公真一代人豪,为新河山草木增辉,瞻旧日弓刀,水殿空明武灵爽;

我愧此邦民牧,与诸父老湖天把酒,听夕阳箫鼓,画船来去说英雄。

享堂·康有为撰

大树飘零,草木犹知名胜;遗园明瑟,山林长忆将军。

享堂·张謇撰

凤凰芝草,周阿合匜;金支翠旗,云景杳冥。

享堂·陈重庆撰

残月瓖金枢,一盏寒泉荐秋菊;名园依绿水,三更画船穿藕花。

享堂·黎元洪撰

当日风云犹叱咤;至今草木识威名。

享堂·吴次皋撰

胜地足清游,开门对劫后湖山,儿女歌功,残月河桥听箫管;

将军许长揖,把剑觅当年烟水,神明鉴我,秋风俎豆荐苹花。

船厅·陈重庆撰

北郭看花,游客每欣携榼至;东桥问竹,将军无复报书来。

陈祖庚撰

草泽起群雄,痛我公衣被江淮,万口碑中留恨史;

湖山增异采,看昔日壶浆士女,二分明月迓灵旗。

32.韩园

园在长堤上,清初韩醉白别墅,又名"依园",取意"名园依绿水"。

《陈迦陵文集》卷六《依园游记》:"出扬州北郭门百余武为依园。依园者,韩家园也。斜带红桥,俯映渌水。人家园林以百十数。依园尤胜,屡为诸名士宴游地。甲辰春暮,毕刺史载积先生觞客于斯园。行有日矣,雨不止。平明,天色新霁,春光如黛,晴丝冒人。急买小舟,由小东门至北郭。一路皆碧溪红树,水阁临流,明帘夹岸,衣香人影,掩映生绡画縠间。不数武,舟次依园,先生则已从亭子上呼客矣!园不十亩,台榭六七处。先生与诸客分踞一胜。雀炉茗椀,楸枰丝竹,任客各选一艺以自乐。少焉,众宾杂至,少长咸集,梨园弟子演剧,音声圆脆,曲调济楚,林莺为之罢啼,文鱼于焉出听矣!是日也,风日鲜新,池台幽靓,主宾脱去苛礼,每度一曲,座上绝无人声。园门外青帘白舫,往来如织。凌晨而出,薄暮而还,可谓胜游也。越一日,复雨。先生笑曰:'昨日之游,

韩园遗迹

意其有天焉否耶？虽然，岁月迁流，一往而逝，念良朋之难遘，而胜事不可常也。子可无一言以记之？'并属崇川陈菊裳鹄为之图。图成，各系以诗。同集者：闽中林那子先生古度，楚黄杜于皇浚，秣陵龚半千贤，新安孙无言默，山阴吕黍字师濂，山左刘孔集大成、曲智仲勋，吴门钱德远梦麟，真州王仲超昆，崇川陈菊裳鹄、李瑶田遴、张麓述焘、徐春先禧，秦邮李次吉乃纲，舍弟天路暨崧，共十有七人。"

《扬州画舫录》卷十三："在长堤上，国初（清朝）韩醉白别墅。……后为韩奕别墅，继又改名'名园'，筑小山亭。……闲时开设酒肆，常演窟偏子。（偏子）高二尺，有臀无足，底平，下安卯枸，用竹板承之。设方水池，贮水令满，取鱼虾萍藻实其中，隔以纱障。运机之人在障内游移转动。金螯《退食笔记》载水嬉，此其类也。"

《平山堂图志》卷二："韩园，同知黄为蒲重修。建小山亭，在近河高阜上。园内草屋数椽，竹木森翳，山林之趣颇胜。"

韩园·小山亭

茂色临幽濑；（李益）晴云出翠微。（权德舆）

33.杏花村舍

村舍在"邠上农桑"浴蚕房右,乾隆时奉宸苑卿衔王勔所建。汉唐盛世时有"农桑为立国之本"一说,因此中国农桑极为丰富。唐代诗人刘禹锡名句"春蚕到死丝方尽"将农桑内涵更为升华。

《广陵名胜全图》:"王勔构竹篱茅舍,于杏花深处。当春深时节,繁英着雨,小阁临风。屋角鸣鸠,帘前语燕,殊有端居乐趣。"

有联句如下:

成衣房

　　越罗蜀锦金粟尺;(杜甫)宝钿香蛾翡翠裙。(戎昱)

螺祖祠

　　明祠灵响期昭应;(王昌龄)桑叶扶疏闭日华。(曹唐)

浴蚕房

　　金屋瑶筐开宝胜;(崔日用)小桥流水接平沙。(刘兼)

听机楼

　　绣户夜攒红烛市;(韦庄)缫丝声隔竹篱间。(项斯)

春及堂

　　夕烟杨柳岸;(李乂)微雨杏花村。(许浑)

分箔房

　　树影悠悠花悄悄;(曹唐)罗衫曳曳绣重重。(王建)

染色房

　　染作江南春水色;(白居易)结情罗帐连心花。(青童)

献功楼

　　青筐叶尽蚕应老;(温庭筠)剪彩花间燕始飞。(刘宪)

大起楼

　　碧树红花相掩映;(慈恩塔院仙)天香瑞彩合细缊。(温庭筠)

练丝房

　　蒨丝沉水如云影;(李贺)笼竹和烟滴露梢。(杜甫)

经丝房

　　软縠疏罗共萧屑;(温庭筠)霏红沓翠晓氛氲。(孟浩然)

34.邗上农桑

景在漕河北岸,乾隆时为奉宸苑卿衔王勘所建。

《扬州画舫录》卷一:"在迎恩河西。仿圣祖《耕织图》做法。封隄为岸,以建仓房、饁饷桥、报丰祠。祠前击鼓吹蟸台,左有砻房,右有浴蚕房、分箔房、绿叶亭。亭外桑阴郁郁。时闻斧声。树间建大起楼,楼下长廊至染色房、练丝房。房外为练池,池外有春及堂。堂右有螺祖祠、经丝房、听机楼。楼后有东织房、纺丝房。房外板桥二三折,至西织房、成衣房,接献功楼。自此以南,一片丹碧,寒波烟雾,尽在长春桥外矣。

"西岸矮屋比栉,屋前地平如掌,辘轴参横,草居雾宿,豚栅鸡栖。绕屋左右,闲田数顷。农具齐发,水车四起。地防不行,秧针刺出。鸡头菱角,熟于池沼。蒠菱苍然,远浦明灭,打谷之歌,盈于四野。……杏花村舍自浴蚕房始。河至此愈曲愈幽,鸥鹭往来,清风泛于樽俎,高柳映人家,奇松衬楼阁。由砻房屋角至浴蚕房。……过此有小水口,上覆板桥。过桥至绿桑亭。隄随河转,屋亦西斜,为分箔房。……大起楼接于分箔房尾,竹木护村,丘园自适。……

"蜀冈诸山之水,细流萦折,潜出曲港,宣泄归河。大起楼南,以池分之,千丝万缕,五色陆离,皆从此出,谓之练池。池之东西,以廊绕之。东绕于染色房止。……西绕于练丝房止。……练池以西,河形又曲,岸上建春及堂,四面种老杏数十株,铁干拳而拥肿飞动。……螺祖祠,祀马头娘也。……祠右沼隄种竹,竹后长廊数丈。廊竟,横置小舍三间,为经丝房,经机所持丝也。……屋右接听机楼。……楼台疏处栽桑树数百株,浓绿荫坂。下多野水,分流注沼。沼旁为纺丝房,与经丝房对。居其右,织房十余间,以东西分。……成衣房十余间,纺砖刀尺,声声相闻。……杏花村舍止于此。平时园墙板屋,尽皆撤去。居人固不事织,惟蒲渔菱芡是利,间亦放鸭为生。近年村树渐老,长隄草秀,楼影入湖,斜阳更远。楼台疏处,野趣甚饶也。是地为临水红霞之对岸,稍南则长春桥矣。"

《平山堂图志》卷二:"由迎恩桥北折而西,临隄为亭,亭右置水车数部,草亭覆之。依西一带,因隄为土山,种桃花。山后茅屋疏篱,人烟鸡犬,村居幽致,宛然在目。其西为仓房。又西仿西制为风车,转运不假人力。又西为饁饷桥,桥西当河曲处,隄折而南,面东为歌台,台后为报丰祠,以祀田祖。"

《广陵名胜全图》记："艺长亩，树条桑，香稻秋成，懿筐春早，《豳风·七月》八章，仿佛在目，足以见圣世民力之勤焉。"

乾隆帝南巡时，有诗："却从耕织图前过，衣食攸关为喜看。"墅趣为胜园林，有别于琼楼仙阁为旨园林，且专以桑林、养蚕、染色、练丝、纺丝等劳动内涵为主设计，园名"农桑""村舍"，特别显目，为中国造园史上别树一帜。

联句有：

仓房

廪庾千箱在；（薛存诚）芳华二月初。（越冬曦）

报丰祠

息飨报嘉岁；（颜延年）膏泽多丰年。（曹植）

茗房

岩端白云宿；（谢灵运）屋上春鸠鸣。（王维）

击鼓吹豳台

川原通霁色；（皇甫冉）箫鼓赛田神。（王维）

东织房

露气暗连青桂色；（李商隐）天孙为织云锦裳。（苏轼）

西织房

花须柳眼各无赖；（李商隐）蕊乱云盘相间深。（温庭筠）

35.临水红霞

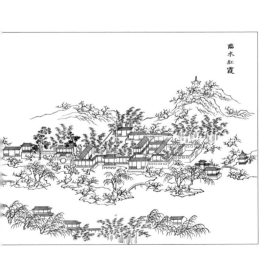

该园在漕河南岸，平冈艳雪西偏。清乾隆年间周柟所建。今废。

《扬州画舫录》卷二："临水红霞即桃花庵，在长春桥西，野树成林，溪毛碍桨。茅屋三四间在松楸中，其旁厝屋鳞次。植桃树数百株，半藏于丹楼翠阁，倏隐倏见。""桃花庵僻处长春桥内，过桥沿小溪河边折入山径，崭峻难行。小澳夹两陵间，屿亦分而为两。""前有屿，上结茅亭，额曰'螺亭'。亭南有板桥接入穆如亭。亭北砌石为阶，坊表插天，额曰'临水红霞'，折南为桃花庵，大门三楹，门内大殿三楹，殿后飞霞楼三楹。""楼前老桂四株，绣球二株。秋间多白海棠、白凤仙花。""楼左为见悟堂，堂后小楼又三楹，为僧舍。……楼右小廊开圆门，门外穿太湖石入厅事，复三楹，额曰'千树红霞'，庵中呼之为红霞厅。""厅面河，后倚石壁,多牡丹。厅内开东西牖,东牖外多竹,西牖外凌霄花附枯木上,婆娑作荫。……厅前多古树,有挈云攫石之势。树间一桁河路,横穿而来。河外对岸,平原如掌,直接蜀冈三峰。白塔红庙,朱楼粉郭,了在目前。""迤东曲廊数折,两亭浮水,小桥通之。再东曰桐轩,右为舫屋。又过桥入东为枕流亭。穿曲廊,得小室,曰'临流映壑',室外无限烟水,而平冈又云起矣。平冈为古平冈秋望之遗阜。北郊土厚,任其自然增累成冈,间载盘礴大石,石隙小路横出。冈硗中断,盘行萦曲,继以木栈,倚石排空。周环而上,溪河绕其下,愈绕愈曲。岸上多梅树,花时如雪,故庵后名'平冈艳雪'。"

完颜麟庆《鸿雪因缘图记》:"桃花庵在迎恩河东,长春桥北,旧名'临水红霞'。乾隆间,邑人周楠建。溪水到门,门前有屿,上结螺亭。南有板桥,接入穆如亭。屿竟,琢石为阶。庵额为朱子颖都转书。入庵,殿供大悲佛,后为飞霞楼,左为见悟堂。楼右小廊开圆门,门外穿太湖石,厅事三楹,曰'红霞'。迤东曲廊数折,两亭浮水,小桥通之。再东,曰'桐轩'。因曾迎筱园三贤栗主于此,改称'三贤祠'。丙申(1836)六月,刘鉴泉、锺挹云相邀雅集于此,乃坐红霞厅,洞启东西牖。时荷花盛开,香气袭人。见有园丁踏藕,即命自牖中送入,雪而食之,甘洌异常。相与解衣纵谈,挹云因言三贤之祀,创于平山堂之真赏楼,后卢雅雨都转始定以我朝王文简公配宋欧、苏两文忠公,而诸贤从祧。余按,平山堂辟自欧公,盛于苏公,迨南渡以后,四郊多垒,自元及明,余风未振。我大清定鼎,治平无事,长吏始得以休沐余闲,歌泳太平之盛。文简公司李扬州,登山开堂,揖二公而宴诸生,直不啻折荷于邵伯,赋雪于聚星。盖其精神注响二公,而结缘尤在平山,允宜同祀。且扬州利擅盐笑,俗竟刀锥,若任其流荡,将尽成豪侈淫靡之习,而为害人心;倘过事裁抑,又难期货财技艺之通,而有伤生计。维兹三贤寓政事于文学,实有以化驵侩之风,敦文章之雅,又岂俗吏所知哉!"

《扬州览胜录》卷一:"临水红霞即桃花庵,在迎恩河东岸,南接长春桥。清乾隆间为州同周楠别业,旧为北郊二十四景之一。野树成林,溪毛碍桨,茅屋三四间在松楸中。其旁厝屋鳞次,植桃树数百株,半藏于丹楼翠阁,倏隐倏现。前有屿,上结茅亭,额曰'螺亭',亭南有板桥,接入穆如亭。亭北砌石为阶,坊表插天,额曰'临水红霞'。"

《广陵名胜图》:"临水红霞,在平冈艳雪之左。周楠于此遍植桃花,与高柳相间。每春深花发,烂若锦绮,故名。建桃花庵,延古德梵修其内。今尉涵增植桃柳,广庵址,参学有室,饭僧有堂。清磬疏钟,声出林表,居然古刹矣。"

有楹联如下:

飞霞楼

四野绿云笼稼穑;(杜荀鹤)九春风景足林泉。(薛稷)

桐轩

　　凉意生竹树；（张说）疏雨滴梧桐。（孟浩然）

枕流亭

　　鸟宿池边树；（贾岛）花香洞里天。（许浑）

临流映壑亭

　　新水乳侵青草路；（雍陶）疏帘半卷野亭风。（李群玉）

见悟堂

　　花药绕方仗；（常建）清源涌坐隅。（元结）

36.平冈艳雪

　　该园在漕河南岸，与"邗上农桑"相对。平冈数里，蜿蜒逶迤。清乾隆时，河南候选州同周柚置亭其上，遍植红梅，有"雪晴花发，香艳袭人"赞誉，蔚涵重修，有所增建。该景久废不存。

　　《扬州画舫录》卷一："平冈艳雪在邗上农桑之对岸，临水红霞之后路。迎恩河至此，水局益大。夏月浦荷作花，出叶尺许，闹红一舸，盘旋数十折，总不出里桥外桥中。其上构清韵轩，前后两层，粉垣四周，修竹夹径，为园丁所居。山地种蔬，水乡捕鱼，采莲踏藕，生计不穷。……自清韵轩后，梁空蹬险，山径峭拔，游人有攀跻偏偻之难，有艳雪亭。……水心亭在艳雪亭之侧，筑土为堵，一溪绕屋。……渔舟小屋居平冈艳雪之末。湖上梅花以此地为胜，盖其枝枝临水，得疏影横斜之态。……再南为临水红霞。"

　　《广陵名胜图》："今蔚涵重修，增置廊槛数重。风亭丹树与修竹垂杨，鳞次栉比。近水则护以长堤，遍植菱藕，触处延赏不尽。"

　　有楹联如下：

艳雪亭

　　苔染浑成绮；（皮日休）春生即有花。（马戴）

水心亭

　　杨柳风多潮未落；（赵嘏）梧桐叶下雁初飞。（杜牧）

渔舟小屋

　　水深鱼极乐；（杜甫）云在意俱迟。（杜甫）

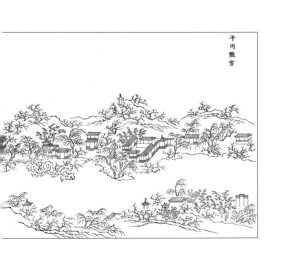

37.三贤祠

祠在保障河西岸,"春台明月"北侧。

《平山堂图志》卷二:"三贤祠,故编修程梦星筱园旧基。运使卢见曾购得之,以畀奉宸苑卿汪廷璋改建为祠。见曾自为记,刻之石。……祠门东向,门以外为'苏亭',又称'三过亭'。因苏词有'三过平山堂下'之句,故以名之。入门,道左有亭,在梅花深处。道右有门南向,颜曰'筱园',以存其旧焉。门右为堂,祀三贤木主。堂左穿深竹,以北'仰止楼'。楼左由曲廊以东,为'旧雨亭'。亭前迤左,为牡丹亭,亭后为曲室。楼右由长廊北折,西向为'瑞芍亭',是为'筱园花瑞'。"

扬州人为纪念北宋扬州文章太守欧阳修、苏东坡和清初扬州府推官文学家王士禛建三贤祠堂。清乾隆年间程名世曾绘《三贤祠图》。

有楹联如下:

卢见曾撰书

一代两文忠,到处风流标胜迹;三贤同俎豆,何人尚友似先生?

罗茗香撰·梁恭辰书

胜地景芳徽,卅载三贤俱典郡;同龛昭祀典,两文一献共称忠。

郑板桥撰书

遗韵满江淮,三家一律;爱才如性命,异世同心。

罗茗香撰

杨柳拂堤塍,追溯前徽,于宋历仁宗两世;

桃花遍祠宇,传来美谥,至今合文献三忠。

黄右原撰·梁章钜书

四朵兆金瓯,是二千石美谈,不因五色书云,谁识名流皆五马;

万花停玉局,惟六一堂如旧,若溯三贤谥典,合将祠额署三忠。

38.趣园

趣园位于长春桥两岸,为清奉宸苑卿衔黄履暹别业。1762 年乾隆帝临幸,赐名"趣园"。该园自嘉庆以后渐废。光绪三年在此重建三贤祠,民国以后三贤祠废。1960年于此建四桥烟雨楼。2005—2006年复建了锦镜阁、光霁堂等。四桥烟雨楼现为市级文物保护单位。

《平山堂图志》卷二："园分二景，曰'四桥烟雨'，曰'水云胜概'。四桥烟雨，在长春桥东。四桥者，右长春桥，左春波桥，其前则莲花、玉版二桥也。园门西向，与长春岭对。入门右折，由长廊以东，又北行深竹中。折而西，有大楼临水。南向水中，荷叶田田，一望无际。其右与长春桥接。门左穿竹廊而南，又东为面水层轩。轩后为歌台，轩以西为堂。西向，供御书'趣园'额。堂之为间者五，堂后复为堂，为间者七。高明宏敞，据一园之胜。其右为曲室，盘旋往复，应接不暇。其左为曲廊，为厅为阁。阁前叠石为坪，种牡丹、绣球最盛。阁左由长廊而北，面西为'涟漪阁'，又北为'金粟庵'。庵北向，与阁对。庵以内，南向为小亭。亭右为'四照轩'，轩前后，皆小山。山上有亭，曰'丛桂亭'。轩右为长廊，西折为厅，厅后与'香海慈云'接。厅左为楼，楼左为'锦镜阁'。阁跨水架楹，其下可通舟楫。阁上绮疏洞达，缀以丹碧，望之如蜃楼。阁西接水中高阜，阜上建御碑亭，内供御书石刻。阜自南而北，遍植梅花、桃柳，垒湖石为假山，重复掩映，不令人一览而尽也。

"水云胜概，在长春桥西，门东向，其右为长春岭，入门，左右修竹。其西为'吹香草堂'，堂后临河。南向为'随喜庵'，庵内为楼，供大士像。庵右由曲廊以西，为'春水廊'。廊后为歌台，台前种玉兰。花时明艳如雪。廊右北折，西向为竹厅。厅右由长廊数折，南向为'胜概楼'。楼右缘小山，行梅花下。以西为'小南屏'，右与莲花桥接。"

《扬州画舫录》卷十二："黄氏本徽州歙县潭渡人，寓居扬州。兄弟四人，以盐筴起家，俗有四元宝之称。晟字东曙，号晓峰，行一，……家康山南，筑有易园；刻《太平广记》《三才图会》二书。……履暹字仲昇，号星宇，行二，……家倚山南，有十间房花园……四桥烟雨、水云胜概二段，其北郊别墅也。履昊字昆华，行四，……家阙口门，有容园。履昴字中荷，行六，家阙口门，有别圃，改虹桥为石桥。"

"是园接江园环翠楼，入锦镜阁，飞檐重屋，架夹河中。阁西为竹间水际下，阁东为回环林翠，其中有小山逶迤，筑丛桂亭；下为四照轩，上为金粟庵。入涟漪阁，循小廊出为澄碧堂。左筑高楼，下开曲室，暗通光霁堂。堂右为面水层轩，轩后为歌台。轩旁筑曲室，为云锦淙，出为河边方塘，上赐名'半亩塘'，由竹中通楼下大门。……

"四桥烟雨,园之总名也。四桥,虹桥、长春桥、春波桥、莲花桥也。虹桥、长春、春波三桥,皆如常制。莲花桥上建五亭,下支四翼,每翼三门,合正门为十五门。《图志》谓四桥中有玉版,无虹桥。今按玉版乃长春岭旁小桥,不在四桥之内。

"锦镜阁三间,跨园中夹河。三间之中一间置床四,其左一间置床三,又以左一间之下间置床三。楼梯即在左下一间下边床侧,由床入梯上阁,右亦如之。惟中一间通水,其制仿《工程则例》暖阁做法,其妙在中一间通水也。……阁之东岸上有圆门,颜曰'回环林翠'。中有小屋三楹,为园丁侯氏所居。屋外松楸苍郁,秋菊成畦,畦外种葵,编为疏篱。篱外一方野水,名侯家塘。阁之西一间,开靠山门,……阁门外屿上构黄屋三楹,供奉御赐扁'趣园'石刻及'何曾日涉原成趣,恰直云开亦觉欣'一联。亭旁竹木蒙翳,怪石蹲踞。接水之末,增土为岭,岭腹构小屋三椽,颜曰'竹间水际'。……阁之东一间开靠山门,与西一间相对。门内种桂树,构工字厅,名'四照轩'。……轩前有丛桂亭,后嵌黄石壁。右由曲廊入方屋,额曰'金粟庵',为朱老匏书。是地桂花极盛,花时园丁结花市,每夜地上落子盈尺,以彩线穿成,谓之桂球;以子熬膏,味尖气恶,谓之桂油;夏初取蜂蜜,不露风雨,合煎十二时,火候细熟,食之清馥甘美,谓之桂膏;贮酒瓶中,待饭熟时稍蒸之,即神仙酒造法,谓之桂酒;夜深人定,溪水初沉,子落如茵,浮于水面,以竹筒吸取池底水,贮土缶中,谓之桂水。涟漪阁在金粟庵北,……阁外石路渐低,小栏款敦,绝无梯级之苦,此栏名'桃花浪',亦名'浪里梅'。石路皆冰裂纹。堤岸上古树森如人立,树间构廊,春时沉钱谢絮,尘积茵覆,不事箕帚,随风而去。由是入面水层轩,轩居湖南,地与阶平,阶与水平。……水局清旷,阔人襟怀。归舟争渡,小憩故溪,红灯照人,青衣行酒,琵琶碎雨,杂于橹声,连情发藻,促膝飞觞,亦湖中大聚会处也。涟漪阁之北,厅事二,一曰'澄碧',一曰'光霁'。平地用阁楼之制,由阁尾下靠山房一直十六间,左右皆用窗棂,下用文砖亚次。阁尾三级,下第一层三间,中设疏寮隔间,由两边门出;第二层三间,中设方门出;第三层五间,为澄碧堂。盖西洋人好碧,广州十三行有碧堂,其制皆以连房广厦,蔽日透月为工,是堂效其制,故名'澄碧'。……由澄碧出,第四层五间,为光霁堂。堂面西,堂下为水马头,与'梅岭春深'之水马头相对。……是地有一木榻,雕梅花,刻赵宦光'流云'二字,董其昌、陈继儒题语。……光霁堂后,曲折透逶,方池数丈,廊舍或仄或宽,或整或散,或斜或直,或断或连,诡制奇丽。树石皆数百年物,池中苔衣,厚至二三尺,牡丹本大如桐,额曰'云锦淙'。……过云锦淙,壁立千仞,廊舍断绝,有角门可侧身入,潜通小圃。圃中多碧

趣园残碑

梧高柳，小屋三四楹。又西小室侧转，一室置两屏风，屏上嵌塔石。塔石者，石上有纹如塔，以手摸之，平如镜面。……水云胜概在长春桥西岸，亦名黄园。黄园自锦镜阁起，至小南屏止，中界长春桥，遂分二段，桥东为四桥烟雨，桥西为水云胜概。水云胜概园门在桥西，门内为吹香草堂，堂后为随喜庵。庵左临水，结屋三楹，为坐观垂钓，接水屋十楹，为春水廊。廊角沿土阜，从竹间至胜概楼，林亭至此，渡口初分，为小南屏。旁筑云山韶濩之台，黄园于是始竟。……

"莲花桥北岸有水钥，康熙间为土人火氏所居。林亭极幽，比之净慈寺，山路称为小南屏。历樊榭与闵廉夫、江宾谷、楼于湘诸人游序谓：'小泊虹桥，延缘至法海寺，极芦湾尽处而止。'即此地也。"

有楹联如下：

锦镜阁

　　可居兼可过；（韩愈）非铸复非镕。（韩愈）

黄屋·石额　趣园·弘历撰书

　　何曾日涉原成趣；恰直云开亦觉欣。

竹间水际

　　树影悠悠花悄悄；（曹唐）晴烟漠漠柳毵毵。（韦庄）

涟漪阁

　　紫阁丹楼纷照耀；（王勃）修篁灌木势交加。（方干）

四照轩

　　九霄香透金茎露；（于武林）八月凉生玉宇秋。（曹唐）

面水层轩

　　春烟生古石；（张说）疏柳映新塘。（储光羲）

澄碧堂

　　湖光似镜云霞热；（黄滔）松气如秋枕簟凉。（何元上）

光霁堂

　　千重碧树笼青苑；（韦庄）四面朱楼卷画帘。（杜牧）

云锦淙

　　云气生虚壁；（杜甫）荷香入水亭。（周瑀）

半亩塘·匾额　半亩塘·弘历撰书

　　目属高低石；步延曲折廊。

四桥烟雨楼

潆回水抱中和气；平远山如蕴藉人。

妙理清机都远俗；诗情画趣总怡神。

桂花厅·孙轶青书匾　水云胜概·旧联　吴桐柳书

小南屏

林外钟声知寺远；（李中）柳边人歇待船归。（温庭筠）

咏秋亭

清秋桂衔襟；朗月诗咏怀。

吹香草堂

层轩静华月；（储光羲）修竹引薰风。（韦安石）

坐观垂钓

秋花冒绿水；（李白）杂树映朱栏。（王维）

春水廊

夹路秾华千树发；（赵彦昭）一渠流水两家分。（项斯）

胜概楼

怪石尽含千古秀；（罗邺）春光欲上万年枝。（钱起）

灵山韶濩之台

佳气浮丹谷；（李义府）安歌送好音。（羊士谔）

四楼烟雨楼·匾额　四桥烟雨·弘历撰·柳曾符重书

何日涉原成趣；恰云开亦觉欣。

四楼烟雨楼·旧联　李剑石重书

扁舟荡云锦；流水入楼台。

"四桥"之一春波桥

39. 长堤春柳

园在虹桥西,清乾隆时初为黄为蒲别业,1775年后,转归吴尊德所有。园内林亭区划位置,出自白描画家周叔球之手。咸丰年间被毁,民国四年复建。

《平山堂图志》卷二:"西接虹桥,为跨虹阁。阁后北折,东向为屋连楹,十有四。屋尽处,穿竹径,迤北是为长堤。沿堤高柳,绵亘百余步。为'浓阴草堂',堂左由长廊至'浮春槛'。廊外遍植桃花,与绿阴相间。槛左兀起,为'晓烟亭'。亭左为'曙光楼',楼左由曲廊穿小屋,行丛筱中。曲折以至于韩园。"

《广陵名胜全图》:"长堤春柳,由红桥而北,沙岸如绳。遥看拂天高柳,列若排衙。弱絮飞时,娇莺恰恰,尤足供人清听。按旧称广陵城北,至平山堂,有十里荷香之胜,景物不减西泠。后以河道葑淤,游人颇少。比年商人竞治园囿,疏涤水泉,增置景物其间。茶寮酒肆,红阁青帘,脆管繁弦,行云激水。于是佳辰良夜,笋舆果马,帘舫灯船,复见游观之盛!"

《扬州画舫录》卷十三:"长堤春柳,在虹桥西岸,为吴氏别墅,大门与冶春诗社相对。"又云:"扬州宜杨,在堤上者更大。冬月插之,至春即活,三四年即长二三丈。髡其枝,中空,雨余多产菌如碗。合抱成围,痴肥臃肿,不加修饰。或五步一株,十步双树,三三两两,跂立园中。构厅事,额曰'浓阴草堂',联云:'秋水才添四五尺(杜甫);绿阴相间两三家(司徒空)。'又过曲廊三四折,尽处有小屋如丁字,谓之'丁头屋',额曰'浮春',槛联云:'绿竹夹清水(江淹);游鱼动圆波(潘安仁)。'"

《扬州画舫录》卷十三:"跨虹阁在虹桥爪,是地先为酒铺。迨丁丑(乾隆二十二年,1757)后,改官园。契归黄氏,仍令园丁卖酒为业。……阁外日揭帘,夜悬灯。帘以青白布数幅为之,下端裁为燕尾,上端夹板灯,上贴一'酒'字。……铺中敛钱者为掌柜,烫酒者为酒把持。凡有沽者斤数掌柜唱之,把持应之,遥遥赠答,自成作家,殆非局外人所能猝辨。《梦香词》云'量酒唱筹通夜市'是也。……酒铺例为人烫蒲包豆腐干,谓之'旱团鱼'。"

《浮生六记》卷四:"城尽,以虹园为首折面向北,有石梁曰'虹桥',不知园以桥名乎?桥以园名乎?荡舟过,曰'长堤春柳',此景不缀城脚而缀于此,更见布置之妙。"

《扬州览胜录》卷一:"长堤春柳,为北郊二十四景之一。清初鹾商黄为蒲

96

筑。长堤始于虹桥西岸桥爪下,逶迤至司徒庙上山路而止。沿堤有景五:一曰'长堤春柳',二曰'桃花坞',三曰'春台祝寿',四曰'筱园花瑞',五曰'蜀冈朝旭'。城外声技饮食,均集于是。"

有联句如下:

黄氏园·跨虹阁

　　地偏山水秀;(刘禹锡)酒绿河桥春。(李正封)

黄氏园·浮春屋

　　绿竹夹清水;(江淹)游鱼动圆波。(潘安仁)

黄氏园·浓荫草堂

　　秋水才添四五尺;(杜甫)绿阴相间两三家。(司空图)

黄氏园·曙光楼

　　间津窥彼岸;(苏颋)把钓待秋风。(杜甫)

长堤春柳

晓烟亭·陈重庆书匾

旧联王板哉书

佳气溢芳甸；(赵孟頫)宿云澹野川。(元好问)

陈重庆撰书

飞絮一溪烟，凤舳南巡他日梦；新亭千古意，蝉嫣西蜀子云居。

40.冶春诗社

诗社在虹桥西岸，为虹桥茶肆。康熙时孔尚任题"冶春"额。

《平山堂图志》卷二："康熙间，新城王尚书士禛，集诸名士赋《冶春词》于此，遂传为故事，称'诗社'焉。"

《广陵名胜全图》："王士正赋《冶春词》，即此地也。冶春，本酒家楼。后为候选州同王士铭，今捐知府衔田毓瑞，购而新之，增置高亭画槛，与倚虹园诸胜，遥遥映带。"

《扬州画舫录》卷十："在虹桥西岸。康熙间，虹桥茶肆名冶春社。……旁为王山蔼别墅。……后归田氏，并以冶春社围入园中，题其景曰'冶春诗社'。由辋川图画阁旁卷墙门入丛竹中，高树或仰或偃，怪石忽出忽没，构数十间小廊于山后，时见时隐。外构方亭，题曰'怀仙馆'(馆八柱四荣，重屋十脊，临水次，前荣对镇淮门市河)。馆左小水口，引水注池中，上覆方版。入秋思山房(在水树间)。其旁构方楼，通阁道，为冶春楼。楼南有槐荫厅(三楹)，楼北有桥西草堂，楼尾接香影楼。"冶春"楼上三面蹑虚，西对曲岸林塘，南对花山涧。北自小门入阁道，西边束朱阑，宽者可携手偕行，窄者仅容一身。渐行渐高，下视阑外，已在玉兰树蕖。廊竟接露台，置石几一，磁墩四，饮酒其上。直可方之石曼卿巢饮，旁点黄石三四级。阁道愈行愈西，入香影楼。……楼北小门又入一层。楼外作小露台，台缺处叠黄石，齿齿而下，即是园之楼下厅也，额曰'桥西草堂'。……堂后旱门，通虹桥西路。桥西草堂，右由露台一带，土气积郁，叠以黄石，嶙峋棱角，老树眠卧侍立，各尽其状。中构六角亭，名曰'欧谱'，四方亭名曰'云构'。""是园阁道之胜比东园，而有其规矩，无其沉重，或连或断，随处通达。"

"忆余昔年夏间暑甚。同人出小东门，打桨而行。……无何，风雨骤至，舣舟斗姥宫。雨小，舟子沿岸牵至'冶春楼'。上岸入楼中，乃敞其室而听雨焉。……

雨止,湖上浓阴,经雨如揩。竹湿烟浮,轻纱嫌薄。东望倚虹园一带,云归别峰,水抱斜城。北望江雨又动,寒色生于木末。因移入楼南临水方亭中待之,不觉秋思渐生也。"

有楹联如下:

槐荫厅·匾额　槐荫厅

小院回廊春寂寂;(杜甫)朱阑芳草绿纤纤。(刘兼)

冶春楼

风月万家河两岸;(白居易)菖蒲翻叶柳交枝。(卢纶)

香影楼

堤月桥灯好时景;(郑谷)银鞍绣毂盛繁华。(王勃)

桥西草堂

绿竹放侵行径里;(刘长卿)飞花故落舞筵前。(苏颋)

云构亭

山雨尊仍在;(杜甫)亭香草不凡。(张祜)

41.大虹桥

红桥探春

大虹桥,又名红桥,位于城西北。始建于明崇祯年间(1627—1644),原为木桥,围以红栏,取名红桥。清乾隆元年(1736)改为单拱石桥,始称"虹桥"。乾隆十六年(1751)在桥上建亭,后亭倒塌。1972年重建,改为三拱石桥。

《扬州鼓吹词序》:"红桥,在城西北二里。崇祯间形家设以锁水口者。朱栏数丈,远通两岸,虽彩虹卧波,丹蛟截水,不足以喻。而荷香柳色,雕楹曲槛,鳞次环绕,绵亘十余里。春夏之交,繁弦急管,金勒画船,掩映出没于其间,诚一郡之丽观也。"

《扬州画舫录》卷十一:"虹桥,为北郊佳丽之地。《梦香词》云:'扬州好,第一是虹桥。杨柳绿齐三尺雨,樱桃红破一声箫。处处住兰桡。'游人泛湖,以秋衣、蜡屐打包,茶釜、灯罩,点心、酒盏,归之茶担,肩随以出。若治具待客湖上,先投束帖,上书'湖舫候玉'。相沿成俗,寝以为礼,平时招携游赏,无是文也。《小郎词》云:'丢眼邀朋游妓馆,拚头结伴上湖船。'此风亦复不少。"

《鸿雪因缘图记》:"余幼读王文简公集,至'舟入红桥路,垂杨面面风。销

大虹桥

魂一曲水,终古傍隋宫',心焉慕之。嗣往来扬州者四度,终未得一舣平山,窃以为无缘再游矣。比官内阁,高兰墅侍读持赠一扇,即绘公官扬州司李,邀诸名士红桥修禊,赋《冶春词》故事。瑞芸卿见而称赏,手书二诗于后幅。一云:'官舫银灯赋冶春,廉夫才调更无伦。玉山筵上颓唐甚,意气公然笼罩人。'一云:'休从白傅歌杨柳,莫向刘郎演竹枝。五日东风十日雨,江楼齐唱冶春词。'盖即当日陈其年、宗梅岑之作也。故老风流,于焉可想。"

《扬州览胜录》卷一:"虹桥,为北郊二十四景第一丽观,原名红桥,建于明崇祯间,跨保障湖水口,围以红栏,故名曰'红桥'。春夏之交,繁弦急管,金勒画船,掩映出没于其间,明季即称胜地。清乾隆元年(1736),郎中黄履昂改建石桥。十五年以后,巡盐御史吉庆、普福、高恒俱经重建,于桥上建过桥亭,'红'改作'虹'。"

现为市级文物保护单位,瘦西湖南大门外附属景点。

42.净香园·熊园·西庄

净香园为乾隆时布政使衔江春所建,故又名"江园"。1757年,改为官有,1762年赐名"净香园"。园由"青琅玕馆""荷浦薰风""香海慈云"三景区组成。尤以"荷浦薰风",最名于世,"净香园"一名,几为所掩。"春波桥"跨夹河,西是"荷浦薰风",东为"香海慈云",南即"青琅玕馆",乃园大门所在。大门与"西园曲水"相望。嘉、道以后,江园荒废,旧景无存。1931年于此兴建熊园。

《平山堂图志》卷二:"龛后有曲杠,越杠,沿堤憩'舣舟亭'。隔湖则为'珊瑚林''桃花池馆''勺泉亭',绯桃无际,绚烂若锦绣。过小桥并桃花岭,逶迤穿花而行,遂达于'依山亭'。倚亭而望,则为'迎翠楼',有复道可眺。其北则与趣园接矣。"

《广陵名胜全图》:"净香园,即江春'青琅玕馆'。"

《扬州画舫录》卷十二:"江园门与西园门衡宇相望。内开竹径,临水曲尺洞房,额曰'银塘春晓'。园丁于此为茶肆,呼曰江园水亭,其上多白鹅。清华堂临水,苻藻生足下。……堂后箦筜数万,摇曳檐际。左望一片修廊,天低树微,楼阁晻暖。堂后长廊逶迤,修竹映带。由廊下门入竹径,中藏矮屋,曰青琅玕馆。……接青琅玕馆之尾,复构小廊十数楹,额曰春雨廊,廊竟,广筑杏花春雨之堂。……今其堂已墟为射圃矣。修廊之外,水中乱石漂泊,为浮梅屿。河至此分为二。……是屿丹崖青壁,眠沙卧水,宛然小瞩。廊下开门为水马头,额曰'绿杨湾'。……门外春禊亭在水中,有小桥与浮梅屿通。""绿杨湾门内建厅事,悬御匾'怡性堂'三字。……栋宇轩豁,金铺玉锁,前厂后荫。右靠山用文楠雕密菁,上筑仙楼,陈设木榻,刻香檀为飞廉、花槛、瓦木阶砌之类。左靠山仿效西洋人制法,前设栏楯,构深屋,望之如数什百千层,一旋一折,目眩足惧。……外画山河海屿,海洋道路,对面设影灯,用玻璃镜取屋内所画影。上开天窗盈尺,令天光云影相摩荡,兼以日月之光射之,晶耀绝伦,更点宣石如车箱侧立。由是左旋,入小廊,至翠玲珑馆。小池规月,矮竹引风。屋内结花篱,悉用赣州滩河小石子,甃地作连环方胜式。旁设书楼,计四。旁开楔门,至蓬壶影。……是地亦名'西斋',本唐氏西庄之基,后归土人种菊,谓之唐村。村乃保障旧埂,俗曰'唐家湖',江氏买唐村,掘地得宣石数万。石盖古西村假山之埋没土中者。江氏因堆成小山,构室于上,额曰'水佩风裳'。……怡性堂后竹柏丛生。取小径入圆门,门内危楼切云,名曰'江山四望楼'。""天光云影楼在江山四望楼之尾,曲尺相接,楼下不相通,而楼上相通。""楼后朱藤延曼,旁有秋晖书屋及涵虚阁诸胜。""涵虚阁在江山四望楼之左,凡四间,后窗在绿杨湾之小廊内,游人多憩息于此。""秋晖书屋在天光云影楼左一层,为江山四望楼后第一层,制如卧室,游人多憩息于此。"

"涵虚阁外构小亭,置四屏风,嵌'荷浦薰风'四字。过此即珊瑚林、桃花馆;对岸即来薰堂、海云龛。而春波桥跨园中内夹河,桥西为荷浦薰风,桥东为香海慈云。是地前湖后浦,湖种红荷花,植木为标以护之。浦种白荷花,筑土为堤以护之。堤上开小口,使浦水与湖水通。上立枋楔,左右四柱,中实'香海慈云'之额。""浦中建圆屋,屋之正面对水门。左设板桥数折,通来薰堂。""来薰堂在春波桥东,前湖后浦,左为荣,右靠山,入浣香楼。""屋上有重屋,窗棂上嵌合'海云龛'三字,屋中供观音像。""舣舟亭,浦中小泊地也。""涵虚阁之北,树木幽邃,声如清瑟凉琴。半山槲叶当窗槛间,影碎动摇。斜晖静照,野色连山。古木色变,春初时青,未几白,白者苍,绿者碧,碧者黄,黄变赤,赤变紫,皆异艳奇采不可殚记,颜其室曰'珊瑚林'。……由珊瑚林之末,疏桐高柳间,得曲尺房栊,名曰'桃花池馆'。……北郊上桃花,以此为最,花在后山,故游人不多见。每逢山溪水发,急趋保障湖,一片红霞,汩没波际,如挂帆分波,为湖上流水桃花,一胜也。""江园中勺泉,……本在保障湖心,江氏构亭,穴其上。上安辘轳,下用阑槛,园丁游人,汲饮是赖。后因旁筑土山,岁久遂随地脉走入湖中,而亭中之井瞀矣。由倚山亭之北,筑墙十数丈,中种

青琅玕馆

梧竹,颜曰'藤蹊竹径'。盖至此夹河已会于湖,于湖口构迎翠楼。……黄园之锦镜阁,即在楼南。"

有楹联如下:

清华堂

　　芰荷叠映蔚;(谢灵运)水木湛清华。(谢混)

浮梅屿·弘历撰书

　　雨过净猗竹;夏前香想莲。

　　水以澄渟谋目静;山唯平远致心闲。

怡性堂·弘历撰书

　　结念底须怀烂漫;洗心雅足契清凉。

青琅玕馆

　　遥岑出寸碧;(韩愈)野竹上青霄。(杜甫)

杏花春雨之堂

　　明月夜舟渔父唱;(孟宾于)隔帘微雨杏花香。(韩偓)

绿杨湾马头

　　金塘柳色前溪曲;(温庭筠)玉洞桃花万树春。(许浑)

蓬壶影

　　碧瓦朱甍照城郭;(杜甫)穿池叠石写蓬壶。(韦元旦)

水佩风裳室

　　美花多映竹;(杜甫)无水不生莲。(杜荀鹤)

江山四望楼

　　山红涧碧纷烂漫;(韩愈)竹轩兰砌共清虚。(李咸用)

浣香楼

　　烟开翠扇清风晓;(许浑)日暖香阶昼刻移。(羊士谔)

　　谷静秋泉响;(王维)楼深复道通。(柴宿)

来薰堂

　　高座登莲叶;(慧净)晨斋就水声。(法照)

观音神龛·匾额　海云龛

　　紫云成宝界;(郑愔)彩舫入花津。(权德舆)

舣舟亭

阶墀近洲渚；（高适）来往在烟霞。（方干）

珊瑚林室·匾额　珊瑚林

艳彩芬姿相点缀；（权德舆）珊瑚碧树交枝柯。（韩愈）

迎翠楼

金涧流春水；（王昌龄）虹桥转翠屏。（宋之问）

桃花池馆

千树桃花万年乐；（元稹）半潭秋水一房山。（李洞）

天光云影楼

檐横翠嶂秋光近；（吴融）波上长虹晚景摇。（罗邺）

秋晖书屋

诗书敦夙好；（陶潜）山水有清音。（左思）

涵虚楼

圆潭写流月；（孙逖）花岸上春潮。（清江）

灵山韶濩之台

佳气浮丹谷；（李义府）安歌送好音。（羊士谔）

杨法撰书

桐间月上；柳下风来。

东大门·李秋水书匾　净香园·陆放翁诗句·李昌集书

山平水远苍茫外；地辟天开指顾中。

熊园

园在净香园（原荷浦薰风）旧址兴建，民国年间为纪念辛亥革命烈士熊成基。

《扬州览胜录》卷一："熊园在虹桥东岸瘦西湖上，与对岸之长堤春柳亭相对。其地为清乾隆时江氏净香园故址。邑人王茂如氏于民国二十年间募资兴筑，以祀革命先烈熊君成基。园基约占地三十亩，四周随地势高下围以短垣，并湖中浮梅屿旧址亦收入范围以内，占地亦约二十亩。园中面南筑飨堂五楹，以旧城废皇宫大殿材料改造，飞甍反宇，五色填漆，一片金碧，照耀湖山，颇似小李将军画本。每当夕阳西下，殿角铃声与画船箫鼓辄相应答。其余亭台花木正在经营，他日落成，当为湖上名园之冠。"

江春原籍徽州，因业盐居扬州。江园中怡性堂"仿泰西营造法"而建。泰西，即西欧。《扬州画舫录》中说，这种房舍"仿效西洋人制法，前设栏楯，构深屋，望之如数什

荷浦薰风

百千层,一旋一折,目炫足惧"。还安置自鸣钟、玻璃镜等西方舶来品。

西庄

庄在大虹桥东岸唐村,为唐氏北郊别业。又名"西村",一名"西斋",所在乃保障湖旧埂,俗称"唐家湖"。园以雪石万计掇山,废后归乡人种菊,又称"唐村"。

《扬州画舫录》卷十二:"江氏买唐村,掘地得宣石数万,石盖古西村假山之埋没土中者。江氏因堆成小山,构室于上,额曰'水佩风裳'。联云:'美花多映竹(杜甫);无处不生莲(杜荀鹤)。'"

清乾隆时西庄旧址,归江氏净香园。

43.毕园

园在北门城外小金山后，为清时毕本恕所建，后归大盐商罗于饶。

《扬州画舫录》卷一："毕园在小金山后里许，门前，用竹篱围大树数十株。厅事三楹，额曰'柳暗花明村舍'。方西畴联云：'洗桐拭竹倪元镇；较雨量晴唐子西。'厅后住房三楹。左廊有舫屋二三，折在树间。右圃种桂，构方亭。李仙根书曰'瑶圃'。马曰琯毕园词云：'绿云间住栏杆外，似做出秋情态，病骨年来差健在。废池吹縠，野田方罫，著眼都如画。　　小山招隐寒香坠，雁落吴天数声碎，唤艇支筇惟我辈。碧摇蕉影，响分竹籁，幽思今朝最。'"

44.丁溪

该溪在小洪园故址西。

《扬州画舫录》卷六："扬州城郭，其形似鹤。城西北隅雉堞突出者，名'仙鹤膝'，鹤膝之对岸，临水筑室三楹，颜曰'丁溪'。盖室前之水，其源有二：一自保障湖来，一自南湖来，至此合为一水。而古市河水经鹤膝北岸来会，形如'丁'字，故名'丁溪'。"

有联一副：

丁溪

人烟隔水见；（皇甫冉）香径小船通。（许浑）

45.倚虹园

园在渡春桥两岸，元代崔伯亨家花园故址。清乾隆时，为洪徵治家别业。园与小洪园隔河斜对，又称'大洪园'。

《广陵名胜图》："倚虹园，在虹桥东南，一称'虹桥修禊'，奉宸苑卿衔洪徵治建，其子候选道肇根重修。园傍城西濠，三面临河。南向北面，即'虹桥修禊'。"

《虹桥修禊》题诗云："十年一觉梦迢迢，园废台荒景渐凋。胜地重过刚上巳，群贤毕至近虹桥。且将美酒酬佳节，莫把亲情系柳条。补写新图留古迹，竹西亭外暂停桡。"

《扬州画舫录》卷十："虹桥修禊，元崔伯亨花园，今洪氏别墅也。洪氏有二园，'虹桥修禊'为大洪园，'卷石洞天'为小洪园。大洪园有二景，一为'虹桥修禊'，一为'柳

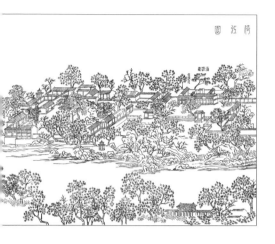

倚虹园

湖春泛'。是园为王文简赋《冶春》诗处,后卢转运修禊亦于此,因以'虹桥修禊'名其景,列于牙牌二十四景中,恭邀赐名'倚虹园'。""厅事临水,窗牖洞开,使花山涧湖光石壁,褰裳而来。夜不列罗帏,昼不空画屏。清交素友,往来如织。晨餐夕膳,芳气竟如凉苑疏寮,云阶月地,真上党熨斗台也!"

《广陵名胜全图》:"(《冶春》)赋后'修禊',遂以修禊为广陵故事。扬人及四方知名之士,相逢令节,祓水采兰,进觞咏之幽情,为风流之高会。……高楼连苑,华屋生春。跸地垂杨,明湖若镜。中间有峰有屿,突兀巉岏,若大江之望小姑。又有领芳轩,轩前牡丹最盛。谷雨佳辰,锦帏初卷,香秾艳异,自具富丽之观。乾隆二十七年(1762),蒙皇上赐名'倚虹园'御书匾额,并'柳拖弱缕学垂手;梅展芳姿初试嚬'对一联。"

《扬州览胜录》卷一:"虹桥,为北郊二十四景第一丽观,原名红桥,建于明崇祯间,跨保障湖水口,围以红栏,故名曰'红桥'。……先是康熙间王渔洋司理扬州,修禊红桥,与诸名士赋《冶春》诗于此。乾隆间卢雅雨转运两淮,提倡风雅,修禊虹桥,作七言诗四首。其时和者七千余人,编次得三百余卷,并绘《虹桥览胜图》,以纪其胜。自是虹桥之名大著于海内。故当时四方贤士大夫来扬者,每以虹桥为文酒聚会之地。"

1915年建徐园时,曾于湖边水际,掘得乾隆所书"倚虹园"刻石。

实录楹联若干副:

流波华馆·匾额　流波华馆

　　涧道余寒历冰雪;(杜甫)浪花无际似潇湘。(温庭筠)

舫屋

　　松竹室生虚白;(陈子昂)波澜动远空。(王维)

辋川图画阁

　　此地惟堪画图障;(白居易)不妨游更著南华。(皮日休)

致佳楼·弘历撰书

　　花木正佳二月景;人家疑住武陵溪。

修禊楼·弘历撰书

　　柳拖弱缕学垂手;梅展芳姿初试嚬。

妙远堂·李亚如书匾　妙远堂·旧联　李亚如书

　　河边淑气迎芳草;(孙逖)城上春云覆苑墙。(杜甫)

倚虹园旧址

北门·启功书匾　扬州盆景园·李圣和撰书

　　以少胜多,瑶草琪花荣四季;即小观大,方丈蓬莱见一斑。

饮虹轩·李昌集书匾　饮虹轩·旧联　李昌集书

　　白云明月偏相识;(任华)行酒赋诗殊未央。(杜甫)

桥头牌坊·沈鹏撰书

　　四时逸兴看花木;一片闲心对水云。

饯春堂·蒋永义书匾　饯春堂·旧联　二　石书

　　莺啼燕语芳菲节;(毛熙震)蝶影蜂声烂漫时。(李建勋)

46.西园曲水·可园

　　该园在小洪园西,湖水转折处,西园茶肆故址。原为张氏园林,后为黄晟别业。
1779 年园归候选道汪义,1783 年归候选知府汪灏,转归大盐商鲍诚一。咸丰后毁,民

倚虹园旧址

国初年又复建,建国前又圮,1988 年扬州市园林管理局复建。

《平山堂图志》卷二:"西园曲水,本张氏故园,副使道黄晟购得之,加修葺焉。其地当保障湖一曲,对岸上又昔贤修禊之所,因取禊序'流觞曲水'之义以名之。"

《广陵名胜全图》:"西园曲水,自北而之东折,若半壁。旧有张氏园,后为道员衔黄晟别业。依水之曲,以治亭馆,不假藩篱。泛藻游鱼,近依几席。酒船歌舫,时到庭阶,旷如也。"

《扬州画舫录》卷六:"城闉清梵,在北门北岸。北岸自慧因寺至虹桥,凡三段:'城闉清梵'一,'卷石洞天'二,'西园曲水'三也。"

《扬州览胜录》卷一:"西园曲水,在卷石洞天之西,旧为北郊二十四景之一,即古之西园茶肆。张氏、黄氏先后为园,继归汪氏。中有濯清堂、觞咏楼、水明楼、新月楼、拂柳亭诸胜。水明楼,即园之旱门,与江园旱门相对。清乾隆间归鲍氏,道咸后园圮。民国初年,邑人金德斋购其故址,复筑是园。今为邑人丁敬诚所有,署曰'可园'。园门在虹桥东岸桥爪下,门内以松木制成牌楼,高丈余,秋时络以牌楼松,色极苍翠。牌楼后,又以松木制成花棚,曲折长数丈,棚上络以秋花,结实累累,小有景致。"

有楹联如下:

觞咏楼

　　香溢金杯环广坐;(徐彦伯)诗成珠玉在挥毫。(杜甫)

拂柳亭

　　曲径通幽处;(常建)垂杨拂细波。(李益)

濯清堂北·魏之祯撰书

　　具体而微,居然陡峭悬崖,平沙阔水;

　　托根虽浅,何妨虬枝铁干,密叶繁花。

濯清堂南

　　十分春水双檐影;(徐夤)百叶莲花七里香。(李洞)

水明楼

　　盈手水光寒不湿;(李群玉)入帘花气静难忘。(罗虬)

新月楼

　　蝶衔红蕊蜂衔粉;(李商隐)露似真珠月似弓。(白居易)

浣香榭·王板哉书匾　浣香榭·王安石句·李圣和书

柳叶鸣蜩绿暗；荷花落日
红酣。

浣香榭·李亚如集句·葛昕书

日沉红有影；风定绿无波。

可园

园在西园曲水旧址又重建。民
国初年，金德斋在西园曲水故址筑
可园转归丁敬诚所有。

《扬州览胜录》卷一："园门，在
虹桥东岸桥爪下。门内以松木制成
牌楼，高丈余。秋时络以牌楼松，色
极苍翠。牌楼后，又以松木制成花
棚，曲折长数丈。棚上络以秋花，
结实累累，小有景致。园之中心，面
南筑草堂四间。草堂外有高柳三五
株，短线长条，垂檐拂槛，夕阳疏雨，
晴晦皆宜，柳外苍松五六株，形如矮
塔，松下有花圃一区，以乱石围四
周，中植牡丹、芍药之属。草堂东南
隅有土墩一，高约丈余，登其上，可
远眺蜀冈诸胜。墩上有'西园曲水'
石额一，嵌置短墙中，字为吴门毕贻
策书，……墩之四周，多植红梅、桃
李、海棠。春时着花，芳菲四溢(案：
墩上金氏原筑有茅亭一，四面均玻
璃窗，极轩敞，于赏梅尤宜。归丁氏
后拆去，颇可惜)。园之西有荷池一，
夹岸多栽柳，柳下间以木芙蓉，水木
明瑟，逸趣横生。丁氏于水曲处新

西园曲水

"翔凫" 石舫

构小亭一座,额曰'柳阴路曲',以复拂柳亭旧观,洵为有识。或亦暗仿山阴兰亭'流觞曲水'之意。"

47. 卷石洞天

该园为古郎园一景,在勺园西,清时奉宸苑卿衔洪徵治家园,又称"小洪园",以怪石老树,称胜湖上。嘉庆后,园圮,民国后在此设三益农场。1988、1989年扬州市园林管理局重建。

《平山堂图志》卷二:"卷石洞天,本员氏园址,奉宸苑卿洪徵治别业。北倚崇冈,陟级而下,右转为正厅。前为曲廊,廊左迤南为玉山堂,廊右为薜萝水榭,后临石壁。缘石壁以西一带,小亭高阁,悉依山为势,藤花修竹,披拂萦绕。对岸为夕阳红半楼,楼右皆奇石森列。楼西度石桥,有巨石兀峙,镌'卷石洞天'四字于上,与北岸一水相望,非舟不能渡。"

《扬州画舫录》卷六："城阃清梵，在北门北岸。北岸自慧因寺至虹桥，凡三段：'城阃清梵'一，'卷石洞天'二，'西园曲水'三也。""'卷石洞天'在'城阃清梵'之后，即古郧园地。郧园以怪石老木为胜，今归洪氏。以旧制临水太湖石山，搜岩剔穴为九狮形，置之水中。上点桥亭，题之曰'卷石洞天'，人呼之为小洪园。园自芍园便门过群玉山房长廊，入薜萝水榭。榭西循山路曲折入竹柏中，嵌黄石壁，高十余丈。中置屋数十间，斜折川风，碎摇溪月。东为契秋阁，西为委宛山房。房竟多竹，竹砌石岸，设小栏点太湖石。石隙老杏一株，横卧水上，夭矫屈曲，莫可名状，人谓北郊杏树，惟法净寺方丈内一株与此一株为两绝。其右建修竹丛桂之堂，堂后红楼抱山，气极苍莽。其下临水小屋三楹，额曰'丁溪'，旁设水马头。其后土逶迤，庭宇萧疏，剪毛栽树，人家渐幽，额曰'射圃'，圃后即门。"

　　《广陵名胜全图》："奉宸苑卿衔洪徵治，叠石为山，玲珑窈窕，丘壑天然。有夕阳

卷石洞天

卷石洞天

红半楼,为旧人结构。次则为堂、为室、为桥,为溪,导河水瀺瀺,循徐鸣。"

《扬州览胜录》卷一:"卷石洞天在今之绿杨村西。清乾隆间为北郊二十四景之一,即古郎园地。郎园以怪石老木为胜,后归洪氏。以旧制临水,用太湖石叠为九狮形,置之水中,上点桥亭,题之曰'卷石洞天',人呼之为'小洪园'。"

有楹联如下:

桥亭董其昌诗句:

> 林间暖酒烧红叶;石上题诗扫绿苔。

丁溪

> 人烟隔水见;(皇甫冉)香径小船通。(许浑)

契秋阁

> 渚花张素锦;(杜甫)月桂朗冲襟。(骆宾王)

薜萝水榭·肖劳书匾　薜萝水榭·旧联　康殷书

> 云生洞户衣裳润;(白居易)风带潮声枕簟凉。(许浑)

> 丁卯岁春,燕下大康

修竹丛桂之堂

> 老干已分蟾窟种;(申时行)采竿应取锦江鱼。(林云凤)

群玉山房

> 渔浦浪花摇素壁;(钱起)玉峰晴色上朱栏。(卢宗回)

委宛山房

> 水石有余态;(刘长卿)凫鹥亦好音。(张九龄)

卷石洞天三副

群玉山房·武中奇书匾　群玉山房(无款)

> 半勺亦江湖万里;一石则泰华千寻。

歌吹台·郑板桥书匾　歌吹古扬州·李鱓书

> 诗书敦宿好;园林无俗情。(陶渊明)

> 雍正四年九月复堂李鱓书

东门·舒同书匾　卷石洞天·孙轶青撰书

> 水榭朝曦花绽露;山房晚照柳生烟。

48.罗园·闵园

罗园在"城闉清梵"内,清时罗于饶所居。有"涵光亭""双清阁"诸景。后与闵园合并,更为扩大。闵园在城闉清梵城内,乾隆时闵氏所建。

《扬州画舫录》卷六:"涵光亭面城抱寺,亭右筑小垣。断岸不通往来。寺外游人至此,废然返矣。亭中水气如雨,人烟结云。仅此一亭,湖水之气已足。……亭右通'双清阁'。"

有联句一副如下:

临眺自兹始;(高适)烟霞此地多。(朱放)

49.勺园

园在城闉清梵西,乾隆时吴人汪希文所寓,以为种花之所。汪氏工于歌,转喉拍板,和以洞箫,清歌嘹呖,迥异俗韵。

《扬州画舫录》卷六:"乾隆丙辰(1736)来扬州,卖茶枝上村,与李复堂、郑板桥、咏堂僧友善。后购是地种花,复堂为题'勺园'额,刻石嵌水门上。中有板桥所书联云:'移花得蝶;买石饶云。'是园水廊十余间,湖光潋滟,映带几席。廊内芍药十数畦。廊西一间,悬'栖云'旧额,为朱晦翁书。廊后构屋三间,中间不置窗棂,随地皆使风月透明。外以三脚几安长板,上置盆景,高下浅深,层折无算。下多大瓮,分波养鱼,分雨养花。后楼二十余间。由层级而上,是为旱门。"

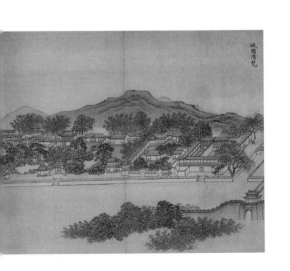

50.城闉清梵

该寺在北门城外对河,又名舍利禅院。乾隆帝赐名"慧因寺"。

《广陵名胜全图》:"(寺)旁有苑圃,修篁丛桂,境地清幽。候补道毕本恕作'香悟亭''风篁精舍'。寺钟初动,梵唱同声,抑亦静中之缘。今归候选盐课提举闵世俨修葺。"

《扬州画舫录》卷六:"在北门外对河,问月桥之西。""自慧因寺至斗姥宫及毕、闵两园,皆在城闉清梵之内。由寺之大士堂小门至香悟亭,四面种木樨,前开八方门。右临河为涵光亭、双清阁、听涛亭,曲廊水榭,低徊映带。""涵光亭面城抱寺,亭右筑小垣,断岸不通往来。……亭中水气如雨,人烟结云,仅此一亭,湖水之气已足。……亭右通双清阁。此园罗氏(称罗园)。""后一层建文武帝君殿。右为斗姥宫。山门外设水马头,中甃玉板石。正殿供老君,殿上为斗姥楼。""殿左三元帝君殿,上元执簿,神气飞动。殿后即斗姥宫大门。……北郊诸园皆临水,各有水门,而园后另开大门以通往来,是为旱门,即斗姥宫大门之类。""殿右住屋三楹,……由廊入河边船房,额曰南漪。""后檐置横窗在剥皮松间。树下因土成阜,上构栖鹤亭。""栖鹤亭西构厅事三楹,池沼树石,点缀生动,额曰绿杨城郭。……此为闵园,今归罗氏。""之西南小室,中有门通芍园。"

有楹联如下:

斗姥宫·匾额　南漪

　　紫阁丹楼纷照耀;(王勃)桃蹊柳陌好经过。(张籍)

毕园·香悟亭

　　潭影竹间动;(綦毋潜)天香云外飘。(宋之问)

毕园·涵光亭

　　临眺自兹始;(高适)烟霞此地多。(朱放)

毕园·方西畴书匾联　柳暗花明村舍

　　洗桐拭竹倪元镇;较雨量晴唐子西。

51.堞云春暖

该园在北水关外河南,与"城闉清梵"隔水相望,为江氏别墅。

《广陵名胜图》:"太仆寺正卿衔江兰建,傍城临水为园,屋宇参差,竹树蓊郁,大有濠濮间想。"

《扬州览胜录》卷一:"'堞云春暖'旧景在北门外西城阴,清乾隆间,为江中丞兰与其弟藩之别墅也。……其别墅就北门外西城阴,沿护城河岸上,为屋十余间,长与对岸慧因寺至丁溪相起止。旧有'韵协琅璈'歌台与慧因寺对,联云:'三花秀色通书幌;一曲笙歌饶画梁。'并有荣春居、水石林诸胜,久毁。今绿杨村对岸所植女桑一带,即其故址。"

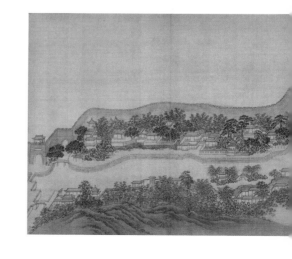

有联句一副如下：

韵协琅璈戏台·金棕亭集句书

　　　三花秀色通春幌；（刘禹锡）一曲歌声绕翠梁。（曹松）

52.绿杨城郭·绿杨村

　　是处在城闉清梵内，北郊二十四景之一。绿杨村位于扬州冶春园西、北门桥下，近代为著名茶肆。

　　朱自清《扬州的夏日》云："茶馆的地方大致总好，名字也颇有好的。如香影廊，绿杨村，红叶山庄，都是到现在还记得的。绿杨村的幌子，挂在绿杨树上，随风飘展，使人想起'绿杨城郭是扬州'的名句。里面还有小池，丛竹，茅亭，景物最幽。这一带的茶馆布置都历落有致，迥非上海、北平方方正正的茶楼可比。"

　　清人王士禛《浣溪沙·红桥怀古》云："北郭清溪一带流，红桥风物眼中秋，绿杨城郭是扬州。"绿杨城郭遂成为扬州代称。

　　《扬州画舫录》卷六："栖鹤亭西构厅事三楹。池沼树石，点缀生动。额曰'绿杨城郭'。"

　　《浮生六记》卷四："癸卯（1783）春，余从思斋先生就维扬之聘……渡江而北，渔洋所谓'绿杨城郭是扬州'一语已活现矣！平山堂离城约三四里，行其途有八九里，虽全是人工，而奇思幻想，点缀天然，即阆苑瑶池、琼楼玉宇，谅不过此。其妙处在十余家之园亭合而为一，联络至山，气势俱贯。其最难位置处，出城入景，有一里许紧沿城郭。夫城缀于旷远重山间，方可入画，园林有此，蠢笨绝伦。而观其或亭或台，或墙或石，或竹或树，半隐半露间，使游人不觉其触目，此非胸有丘壑者断难下手。"

　　《扬州览胜录》卷一："绿杨城郭在清乾隆间为北郊二十四景之一，在城闉清梵一段内。其景旧属闵园，故有厅事三楹，额曰'绿杨城郭'，为闵园风景最佳处。联云：'城边柳色向桥晚；楼上花枝拂座红。'按：其地即为今之绿杨村。"

　　有联句一副：

栖鹤亭

　　　城边柳色向娇晚；（温庭筠）楼畔花枝拂座红。（赵嘏）

绿杨村

绿杨村

《扬州览胜录》卷一："绿杨村,在慧因寺西,旧景为绿杨城郭,今设茶肆,为夏日招凉之所。其地介'城闉清梵''卷石洞天'二故迹间,村前署'绿杨村'三字额。初入村,跨以板桥,沿堤花木成行,境极深邃。画船群集,多在绿杨阴中。树杪远见长竿高悬白旗,大书'绿杨村'三红字,故时人有'白旗红字绿杨村'之说。"

陈重庆《默斋诗稿》卷六中《泊绿杨村小饮舟中》："疑是仙源路,花迷客亦迷。兰桡新涨活,茅屋小桥低。人面风吹影,春心雪化泥。刘郎前度远,遮莫自成溪。露宿如相识,流莺解唤人。霏红罥巾角,摇碧上船唇。画舫三篙水,珠帘十里春。迷楼何处是,杯酒绿杨津。"

吴组缃《扬州杂记》："穿过几处茅舍,远天一片翠绿的树林,一望无涯。不数步就到绿杨村。一湾清澈的碧水,静静地躺在城垣下。浓绿的草木簇拥着两岸。城垣上颤动着繁密的藤萝薜荔,如一堵玲珑的篱藩。岸级下几只小舫停在那里,上面都张着白布篷,篷下摆着三两张藤椅。我们随便拣了一只坐上去。那撑船的是个乡下人,蓬头披发,穿一件敝旧的褂子,赤着一双大脚。她替我们买来几包瓜子之类的小食,沏来一壶茶,立即开船。"

53.冶春

该社在丰乐下街,餐英别墅东侧,为余继之莳花所在。

《扬州览胜录》卷一："园门署'冶春'二字,江都王孝廉景琦题。园中四时花木,色色俱备,尤以盆景为多。秋菊春梅,手自培植。游人泛舟湖上者,多来园购花而归。内有小假山一,玲珑有致,为主人所手叠。近筑草堂数间,附设茶肆。四方游人多集于此。民国二十五年夏,高邮宣君古愚、仪征陈君含光、

冶春园

张君甘亭均为绘冶春图以张之。"

现为市级文物保护单位,位于天宁寺西侧河边。原为冶春花社故址,南临护城河,北依丘阜。大门东向,入门沿河筑平房十四间,偏西有水榭两座,茅草盖歇山顶,是为"水绘阁",阁西有弧形长廊接西南"香影廊",临水有草顶水榭,隔岸远眺,颇有村野之美。园西为庭院一组,有"餐英别墅""问月山房"等建筑。内设茶社,河南岸有"小苧萝村"景点。上世纪90年代初"餐英别墅""问月山房"已拆改为广场,园北增建了新楼。地处乾隆水上游览线上。

有楹联一副如下:

问月山房

　　有小洞天堪大隐;是真名士不虚来。

香影廊

廊在丰乐下街,民国时临河茶肆。"香影廊"三字,为重宁寺海云和尚所书。

《扬州览胜录》卷一:"(香影廊)面河水阁数间,朱栏一曲,相掩映于青溪翠柳间,颇为幽绝。春夏之交,城中士女多集于此。每当夕阳西下,来往画船,笙歌不绝。游人泛湖者,大率先来品茗,然后买舟而往。每岁佳辰令节,冶春后社诗人往往于此赋诗,或拈字作七联诗,名曰'七唱'。或为文虎之戏。诗人吴还翁曾有手书《题香影廊》五律二首,至今犹张壁间。"

冶春水榭　　　　　　　　　　　　　　　　　　　　冶春香影廊

高庄

庄在丰乐下街北,清代乾隆时,为高霜珩之茶屋。今冶春茶社背北处,现已并为"冶春园子"。

《扬州画舫录》卷六:"买卖街路北。依上街高岸,而下筑屋一间,围以避箭小墙。中置花瓦,开小门。门内左折,层级而下,稚柳一株覆之。中构屋,十字脊,飞檐反宇。三面开窗。南临下街,东倚上街高岸。多古木,盛夏浓阴,可以蔽日。其下矮松、小竹间,取仄径逶迤而上。半山以竹栅界之,栅外春城当户,寺云缤纷。远水危桥,穿树而来。其西开门在梅花中,冬日最多;夏日南至,为城所掩。惟申酉间,一林夕阳而已。"

有楹联一副如下:

冶春茶社·朱福烓撰书

桥畔把杯歌问月;湖滨传盏咏冶春。

54.杏园·让圃

园在天宁寺西,"让圃"与"行庵"旧址,乾隆时改建为"杏园"。门南临水,即御码头,"杏园"石额,为景考祥书。

《扬州画舫录》卷四:"旧有晋树二株,门与寺齐。入门竹径逶迤,花瓦墙周围数十丈。中为大殿,旁建六方亭于两树间,名曰'晋树亭',为徐葆光所书。南构'弹指阁'三楹,三间五架,制极规矩。阁中贮图书玩好,皆希世珍。阁外竹树疏密相间,鹤二,往来闲逸。阁后竹篱,篱外修竹参天,断绝人路。僧文思居之。文思字熙甫,工诗,善识人,有鉴虚、惠明之风。一时乡贤寓公,皆与之友。又善为豆腐羹、甜浆粥,至今效其法者,谓之'文思豆腐'。汪对琴员外棣有《弹指阁录别图》。"

高翔绘该园《弹指阁图》传世。

让圃

圃在枝上村行庵偏西,清朝陆钟辉、张四科别业,后为天宁寺杏园。

《扬州画舫录》卷四:"(让圃)本为天宁寺西院废址。先是张氏典赁,未经年复鬻与陆氏。张氏侦知陆氏所鬻,而不知为钟辉也,以未及期为辞。会陆氏知其故,让于张氏,张氏固辞不受。马主政为之介,各鬻其半,构亭舍为别墅,名曰'让圃'。门在枝上村竹径中。前种桃花，筑'含雨亭'。门中构'松月轩'，复围明简庵略禅师退院入圃。退院旧有银杏一株，树下石塔，即简公爪发所。轩右为'云木相参楼'。楼右开萝径，通黄杨馆。开梅坪，旁有遗泉，建厅事，额曰'碧梧翠竹之间'。其后即枝上村竹圃。周牧山有《让圃图记》，方洵远有《让圃老树图》。"

《增修甘泉县志》卷十九载张四科《让圃记》："郡北郭天宁寺侧，隙地百余亩，竹木森蔚。距城不数武，而窅然深邃，若山林间，盖晋谢文靖公别墅也。以多银杏，故俗有'杏园'称。乾隆庚辛间，马嶰谷昆季构行庵于其中，旁有某氏废圃，因从容余以二百千买之，而陆南圻亦助成其事，取陆、张共宅意，颜之曰'让圃'。入门轩三楹，明简庵略禅师退院所居，旧名'松月'，今仍之。轩后一银杏，树大蔽牛；下累白石为塔，即藏简公爪发所。一碑，为姚少师所作塔铭。由轩右入，有小楼，登之，树色浮空，云影在下，曰'云木相参楼'。楼之右萝阴如幄，一迳出其下，曰'萝迳'。迳尽得小斋，曰'黄杨馆'。其左由步廊达楼后，土冈起伏，悉植梅花，曰'梅坪'。循冈而右，一古井曰'遗泉'。泉上有亭翼然，左右修竹数百竿，梧桐二三十株，曰'碧梧修竹之间'。落成之日，置酒高会，自都御史胡公而下凡十六人，诗社之集，于斯为盛。自是二十年来，春秋佳日，选胜探幽，多在于此。四方文人学士，知有韩江雅集者，未尝不从游于'行庵''让

圃'间,赏其地之胜,而庆余辈之获结邻也。乃未几而同人凋丧殆半。前年夏,嶰谷亦归道山。近南圻复移家金陵,惟余与半查及二三知旧,消声匿影于荒林老屋之中,友朋文酒之乐,非复曩日矣。夫此地隐于幽僻,赖谢公辉映前古,历千载而始得。余辈徒以一觞一咏,流连往复于一时,无修远之名为之增重,而又风流云散,今昔顿殊。吁,其亦可悲也已!不有所述,后之人其将何以考诸?爰嘱嘤城周牧山作图,而余为之记。乾隆二十一年岁次丙子闰九月朔日,临潼张四科识。"

55.天宁寺

　　寺位于丰乐下街,始建于东晋义熙间。相传原为东晋太傅谢安别墅,后舍宅为寺,名"谢司空寺"。宋徽宗驻跸天宁寺时,赐名"天宁禅寺"。清帝"敕赐天宁禅寺"石额,今镶嵌于山门上方,当时天宁寺被列为扬州八大名刹之首。咸丰间寺毁,光绪间重新修建。康熙间,江宁织造兼两淮巡盐御史曹寅奉旨在天宁寺开设扬州诗局,刊刻《全唐诗》。现天宁寺有山门殿、天王殿、大雄宝殿、华严阁、东西廊房、配殿、方丈楼等。

　　《扬州画舫录》卷四:"天宁寺,居扬州八大刹之首。寺之始末基址,郡志未经核实,故古迹多所重出。考志载,天宁寺在新城拱宸门外。世传柳毅舍宅为寺,寺有柳长者像。又传晋时为谢安别墅,义熙间梵僧佛驮跋陀罗尊者译《华严经》于此。""天宁街口,乃古天宁寺山门旧址。旧有华表,俗称牌楼口。牌楼高二十丈,额曰'朝天福地'。宇下蝙蝠以万计,又称其地为'万福来朝'。柱下栖乞儿数百。迨改建新城,寺在城外,华表遂废。""天福居在牌楼口,有花市。"

　　《扬州览胜录》卷一:"天宁寺,在天宁门外,为扬州第一名刹。寺门直对天宁门。门前有牌楼一,规模宏丽,一面署'晋译华严道场'六大字,仪征陈含光篆书;一面署'邗江胜地'四大字,楷书,未署款。按:'邗江胜地'四字为清高宗所赐。""咸丰洪杨之劫,寺与亭均毁。今寺为清两淮盐运使方濬颐拨款重建,规模宏大,殿宇整齐,建造仿宫殿形式。……寺中为大雄宝殿,殿前围以石栏。栏前有御碑亭二,东西相向,形制宏丽。殿中供大佛三尊,旁列梵相,塑工极精,形状各异,所谓'十八应真'是也。殿后供大悲千手眼菩萨像,螺髻璎珞,足履菡萏。"

　　清康熙、乾隆二帝南巡至此。康熙《幸天宁寺》:"空濛为洗竹,风过惜残梅。鸟语当阶树,云行动早雷。晨钟接豹尾,僧舍踏芳埃。更觉清心赏,尘襟笑口开。"乾隆《天宁寺行馆杂咏》:"三月烟花古所云,扬州自昔管弦纷。还淳拟欲申明禁,虑碍翻殃谋食群。"

天宁寺殿前松棚戏台，演出大戏，当为清代戏剧史上华彩乐章。那时扬州在近代戏剧史上也是非常值得注意的场所，乾隆四十二年（1777）敕令命设一局，附属于盐务署，改修古今戏曲，历时四年完成。《曲海》二十七卷的作者黄文旸和近代音乐史上重要书籍《燕乐考原》的作者凌廷堪等主持此项工作。

曾为扬州博物馆馆址，现为省级文物保护单位。

有楹联如下：

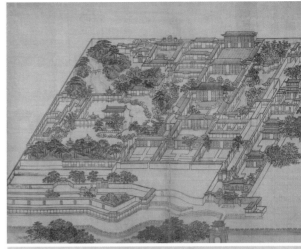

玄烨撰书二副

禅心澄水月；法鼓聚鱼龙。

【注释】康熙三十八年（1699）玄烨第三次南巡扬州题。

珠林春日永；碧淑好风多。

【注释】康熙四十二年（1703）玄烨第四次南巡扬州题。

弘历撰书十副

花雨南天，灵文传妙谛；香云蜀阜，旧墅表名区。

【注释】乾隆十六年（1751）弘历第一次南巡扬州题。

闾里讴歌闻乐恺；轩窗烟景适清嘉。

【注释】乾隆二十二年（1757）弘历第二次南巡扬州题。

楚尾吴头开画境；林光鸟语入竹轩。

【注释】乾隆二十二年（1757）弘历第二次南巡扬州题。

西竺驻祥轮，三摩合证；东土留净业，二谛俱融。

【注释】乾隆二十二年（1757）弘历第二次南巡扬州题。

宝地生欢喜；香台普吉祥。

众香馥郁凝华盖；多宝光明驻法轮。

琉璃瓶水资功德；璎珞龛云现吉祥。

【注释】乾隆二十七年（1762）弘历第三次南巡扬州题。

商鼎周彝自典重；槛葩苑树相芬芳。

【注释】乾隆三十年（1765）弘历第四次南巡扬州题。

成阴乔木天然爽；过雨闲花自在香。

【注释】乾隆四十五年（1780）弘历第五次南巡扬州题。

勅賜天宁禅寺

扬州博物馆

天宁寺山门

天宁寺大殿

129

问景讵宁欣若缋；甄心益觉慎惟几。

【注释】乾隆四十九年（1784）弘历第六次南巡扬州题。

石成金撰书

淡饭粗茶，好向个中寻路去；晨钟暮鼓，还从这里入门来。

王堃撰书

金焦瓜步，凫赭芦潮，两景触枌榆，回首烽烟增客感；

佛国云霞，天外图画，三生恋蔬笋，赏心翰墨证诗禅。

弥勒座

大肚能容，了却人间多少事；满腔欢喜，笑开天下古今愁。

吴竹桥题扬州天宁寺

铃声得露清如语；塔势随云远欲奔。

弘历撰书

窗意延山趣；春工岜物情。

丽日和风春淡荡；花香鸟语物昭苏。

钧陶锦绣化工岜；松竹笙簧仙籁谐。

树将暖旭轻笼牖；花与香风并入帘。

成阴乔木天然爽；过雨闲花自在香。

窗虚含爽籁；座静接朝岚。

56.重宁寺

该寺现为全国文物保护单位，寺在天宁寺后，位于长征路 15 号。清代扬州八大名刹之一。始建于乾隆四十九年（1784），内有御书"万寿重宁寺"额，寺内佛像与皇家寺院造法相同。咸丰间毁于兵火，同治间重建，光绪十七年（1891）再建。东侧园林已毁。现存天王殿、大殿、文昌阁、僧房，占地面积近 10000 平方米，建筑面积约 2000 余平方米。大殿歇山重檐顶，面阔五间，殿内以铁栗木作柱，天花藻井彩绘完好，有乾隆亲题匾额及撰写《万寿重宁寺碑》。1991 年整修天王殿，大殿、文昌阁年久失修。

《鸿雪因缘图记》："万寿重宁寺，在扬州北门外。其大殿后雕墙三门，中曰'普照大千'，左'香林'，右'宝华'。门内屋立四柱，中空若楼，供番佛瓦窑圣，

重宁寺碑

130

重宁寺大殿

类牟尼;左供阿赤尔马仪,类普贤;右供红胜波谛,类观音。四边饰金玉,沉香为罩,上垂百花苞蒂像散花。道场做法悉照内工,为江南冠。乾隆间,淮商建以祝釐。东有园,曰'东园',歙人江春建,以供宸游。蒙赐堂额曰'熙春',室曰'俯鉴',厅曰'琅玕丛',遂擅诸园之胜。园门外即梅花岭。己亥二月,麟庆奉命会陶云汀先生勘人字河,至扬相候。适梅花盛开,沈莲叔、伊芳圃、温东川治具相邀。至门,见土阜夹石,石骨峭露,沿岭上下植梅数百株,种多玉蝶。岭上有亭六角,掩映花梢,寻径登亭,绿萼红英,繁香四绕,真所谓众香国也!入园,则水木清华,堂厦轩敞,而且磁山清丽,镜室晶莹,尤他处所无。"

有联句一副如下:

陈重庆撰书

小筑虚亭添野景;闲将遗事说先朝。

57.江氏东园

园在天宁门外,乾隆时为奉宸苑卿衔江春所建。

《扬州画舫录》卷四:"东园在重宁寺东。先是郡中东园有二:天宁寺之东园,即'兰若',系天宁寺下院分房;莲性寺之东园,即贺园,皆非今江氏所构之东园也。江氏因修'梅花书院',遂于重宁寺旁,复'梅花岭',高十余丈,名曰'东园'。建枋楔,曰'麟游凤舞园'。门面南,高柳夹道。中建石桥,桥下有池,池中异鱼千尾。过桥建厅事五楹,赐名'熙春堂'。……堂后广厦五楹,左有小室。四围凿曲尺池。池中置磁山,别青、碧、黄、绿四色。中构圆室,顶上悬镜,四面窗户洞开,水天一色,赐名'俯鉴室'。……是室屋脊作卍字吉祥相。室外石笋迸起,溪泉横流。筑室四五折,逾折逾上。及出户外,乃知前历之石桥、熙春堂诸胜,尚在下一层。至此平台规矩更整,登高眺远,举江外诸山及南城外帆樯来往,皆环绕其下。堂右厅事五楹,中开竹径,赐名'琅玕丛'。其后广厦十数间。为三卷厅,厅前有门,门外即文昌阁。……

"东园墙外东北角,置木柜于墙上,凿深池,驱水工开闸注水为瀑布,入俯鉴室。太湖石罅八九折,折处多为深潭,雪溅雷怒,破崖而下,……乍隐乍见,至池口乃喷薄直泻于其中。此善学倪云林笔意者之作也。门外双柏,立如人,盘如石,垂如柳。游人谓水树以是园为最。

"东园水法皆在园外过街楼。过此路西有东园便门,路东有梅花书院便门。直路出砖门,西折绕梅花岭北,又为东园重宁寺便门。折入北岸,抵天宁寺。……道旁屋舍如买卖街做法,谓之十三房,亦以备随营贸易也。"

有楹联如下:

熙春堂·弘历撰书匾额　熙春堂

　　倚岩松翠龙鳞蔚;入牗篁新凤尾娑。

　　自觉园林延静赏;喜从香界觅新题。

　　春色芳菲入图画;化机活泼悟鸢鱼。

俯鉴室·匾额　俯鉴室·弘历撰书

　　水木自清华,方壶纳景;烟云共澄霁,圆镜涵虚。

东园遗迹

58.史公祠

园在梅花岭南,清乾隆时所建,1935年曾重修。现为全国重点文物保护单位。

《扬州画舫录》卷三:"史阁部墓在玉清宫右,古梅花岭前,明太师史可法衣冠葬所也。祠在墓侧,建于乾隆壬辰。墓道临河,祠居墓道旁。大门亦临河,门内正殿五楹,中供石刻公像木主。廊壁嵌石,刻公四月二十一日家书及复睿亲王书,御制七言律诗一章、书事一篇,大学士于敏中、梁国治,尚书彭元瑞、董诰、刘墉,侍郎金士松、沈初,翰林陈孝泳恭和诸诗。又公像原卷内胡献徵、秦松龄、顾贞观、姜兆熊、王耆、王概、顾彩各题跋。先是乾隆癸未,翰林蒋士铨于琉璃厂破书画中得公遗像一卷,帧首敝裂,又手简二通为一卷,出金买归。明日,侍郎汪承霈索观,乃取公家书及胡献徵诸人各题跋重装像卷之首。壬辰，彭元瑞视学江南，值蒋士铨主安定书院讲席，恭逢内府辑宗室王公功绩表传，上见睿亲王致公书，引《春秋》之法，斥偏安之非。因索公报书，不可得。及检内阁库中典籍，乃得其书，御制书事一篇以纪始末。彭元瑞因取蒋士铨所藏遗像家书奏呈，奉旨修墓建祠于梅花岭下，题曰'褒慰忠魂'。"

全祖望《梅花岭记》载，顺治二年（1645）四月扬州城陷之前，史可法遗言："我死，当葬梅花岭上。"

清嘉庆《重修扬州府志》："梅花岭，在新城广储门外，一名土山。《宝祐志》云：熙宁间，陈升之判扬州，建云山阁于城之西北隅，即其地也。后阁徙小金山。明湛若水筑甘泉书院于此。万历二十年（1592），扬州守吴秀浚河积土，环树以梅，遂名'梅花岭'。岭之前有塘，有楼，有台，有池，东西翼以诸州县公署，盖期会之所憩，统名曰'偕乐园'。……岭前有明相国史可法衣冠墓。"

史公祠门景

孔尚任为《梅花岭》诗序："吴平山太守筑岭种梅，史道邻阁部衣冠葬此。"诗曰："梅枯岭亦倾，人来立脚叹。岭下水滔滔，将军衣冠烂。"

《扬州览胜录》卷一："史阁部祠墓在广储门外，建于清乾隆初年。民国二十四年，邑人王茂如氏募修。……墓外东西两偏垣门上，均有石刻'梅花岭'三大字。门内有土阜，即梅花岭也。……岭东新修小阁一座，登阁观梅，足助吟兴。阁下旧为梅花仙馆。东偏廊下嵌有石刻史公遗像诸碑。岭北新筑晴雪轩三楹……旁悬石拓史公草书联云：'斗酒纵观廿一史；炉香静对十三经。'厅前置有飞来椅，以供游人赏梅小坐。广陵琴社附设于内。……厅西南新筑茅亭一，内贮大炮，盖史公遗炮，由芜湖移置于此者也。……墓前飨堂三楹，有'亮节孤忠'额，为清彭刚直公玉麟手笔。……浙东朱武章联云：'时局类残棋，杨柳边城悬落日；衣冠复古处，梅花冷艳伴孤忠。'飨堂前银杏两株，高数丈，并植有凌霄花二本，络于古松上。飨堂东为桂花厅五楹，中悬史公遗像，额曰'铁骨冰心'，清甘泉县知县谢元洪题。……又张尔荩联云：'数点梅花亡国泪；二分明月故臣心。'是联为陈含光先生补书。吴大澂篆书联云：'何处吊公魂？看十里平山，空余蔓草；到来怜我晚，只二分明月，曾照梅花。'亦陈含光先生补书。石拓史公草书联云：'自学古贤临静节；惟应野鹤识高情。'舒绍基联云：'公去社已屋，我来梅正花。'……厅前藤花数株，植木为架，春发之际，绿阴满庭。藤之前故有花圃一区，四周围以太湖石，内植牡丹芍药之属。厅东偏新筑牡丹阁一进，三面玻窗，几席明净，游人到此小坐颇佳。内悬石拓史公小像。西为芍药亭，祠僧栖息于内。厅后北窗外，旧植老桂颇多，今尚余八九株，中秋前后幽赏为宜。飨堂西为史公祠堂正屋，大门在墓门西，额题'史公祠'三大金字。祠堂三楹，中楹神龛内供奉史公栗主，题为'明督师太傅兼太子太师建极殿大学士兵部尚书史公神位'，东西两楹供当时同公殉国文武将士牌位。墓前额云'圣表孤忠'，江转运人境题。"

又有楹联如下：

严保庸撰·吴熙载书

　　生有自来文信国；死而后已武乡侯。

郭沫若撰书

　　骑鹤楼头，难忘十日；梅花岭畔，共仰千秋。

梅花仙馆·王板哉撰书

　　竹覆春前雪；花寒劫外香。

陈宏谋撰书

　　佩鄂国至言，不爱钱，不惜命；与文山比烈，曰取义，曰成仁。

蒋士铨撰书

　　读生前浩气之歌，废书而叹；结再世孤忠之局，过墓兴哀。

蒋士铨撰书

　　心痛鼎湖龙，一寸江山双血泪；魂归华表鹤，二分明月万梅花。

谢蕴山撰书

　　一代兴亡关气数；千年庙貌傍江山。

程仪洛撰书

　　一死报朝廷，求高帝烈皇，鉴亡国孤臣遗事；

　　三忠扶天纪，与戢山漳浦，为有明结局完人。

姚煜撰书

　　尚张睢阳为友，奉左忠毅为师，大节炳千秋，列传足光明史牒；

　　梦文信国而生，慕武乡侯而死，复仇经九世，神州终见汉衣冠。

左桢撰书

　　明知人心已去，收拾不来，何苦死守励孤忠，流我苍生满城血；

　　所幸臣节无亏，鞠躬尽瘁，到底世间留正气，养得梅花万古香。

袁南宾撰

　　文信国倘是前身，种族沦亡同一恨；

史公祠享堂

左忠毅乃真知己，师生节义各千秋。

彭玉麟撰

碧血丹忱，正气常存光竹帛；冰心铁骨，忠魂寄托有梅花。

鲍昌撰

无力挽狂澜，忠魂一逝，泪遮去二分明月；

有情萦土阜，雄魄长存，血溅开万树梅花。

溧阳宗支五十四世史杰撰

残局泣孤臣，读奏草终篇，犹见行间含血泪；

溯源同一脉，幸梅花无恙，又从乱后拜忠灵。

黄文涵撰

万点梅花尽是孤臣血泪；一抔故土还留胜国衣冠。

欧阳述撰

风雪江天，吊古剩一轮明月；衣冠丘垄，招魂有万树梅花。

俞樾撰书

明月梅花，拜祁连高冢；疾风劲草，识板荡忠臣。

以下三联佚名：

殉社稷，只江北孤城，剩水残山，尚留得风中劲草；

葬衣冠，有淮南抔土，冰心铁骨，好伴取岭上梅花。

我就是史督师，百世如闻狮子吼；更莫上梅花岭，千秋自有姓名香。

死含瑶草千秋恨；魂傍梅花万古香。

删繁就简三秋树

领异标新二月花

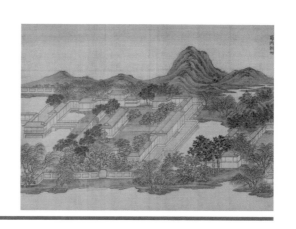

古城西北

59.罗聘故居(朱草诗林)

园在弥陀巷 42 号,为清代扬州八怪之一罗两峰故居,现为省级文物保护单位。

罗聘(1733—1799),字遯夫,号两峰,甘泉(今扬州市)人,自题居所"朱草诗林"。

《扬州览胜录》卷六:"罗山人两峰故宅,在彩衣街弥陀巷内,今名其地为小花园巷。仪征金氏所居即其故址。山人名聘,字两峰,号花之寺僧,清乾隆间人。金冬心先生弟子,画梅画佛,皆师冬心。妻方婉仪,字白莲,并工诗画。山人尝画《鬼趣图》,当时海内名流题咏殆遍。……著有《香叶草堂》诗集,其版本极精,今藏于宜宜斋碑帖肆。"

园北有书斋两间,朝南。斋东壁有门,与东宅相通。东沿墙修廊,由南面北延,与斋相接。廊壁南偏有便门,门内为住宅前厅。西南贴墙半亭面北,上悬"倦鸟巢"三字匾,为"真州吴让之书题"。亭右短廊,与园西客座相连。房廊断续,高下起伏,小中见大。

罗山人咏梅诗并序:

床头古瓮插春梅一株日高三丈犹偃仰于横斜疏影间也

翠幄低垂夜漏分,博山何用水沉薰。梅花在我床前笑,自说仙人卧白云。

罗聘故居倦鸟巢

140

赵芝山住宅

60.赵芝山住宅

　　住宅位于弥驼巷 10 号,民国建筑。住宅东西二条轴线,东路为一花园、一花厅。现为赵芝山后裔赵杰居住。花厅现已改建为住宅,但结构还保持原状。西路为前后四进,面阔三间,住宅之间均以天井相连。现西路四进为彩衣社区办公用房。该建筑东路花园与花厅间有一围墙,围墙门额镌刻"长春"两字,落款为"癸未仲春,含光书"。该建筑布局为东园西宅式民居,花园与住宅平行布置,颇具特色,为寻常民居所少见。

61.张安治住宅

　　住宅位于彩衣街 24 号,建于清末民初,现为市级文物保护单位。张安治(1911—1990),号汝进,笔名张帆、安紫,扬州人。曾习中国画于谢公展,后深得徐悲鸿器重,先后任职于南京美专、中央大学艺术系、广西艺术馆及中国美术院。1946 年,应邀赴英国研究深造并弘扬祖国绘画艺术。1950 年回国,历任政务院机关事务管理局设计师,北京师范大学美术系副主任、教授,美国纽约大学市立学院客座教授,兼任《中国画研究》副主任,中国美术家协会理事,中国书法家协会顾问,中央美术学院教授,中国民主同盟第六届、第七届文化委员会委员,民盟北京市委员会顾问。曾先后在国内外举办个人画展数十次,许多作品为国内外博物馆、美术馆收藏,出版有《张安治画集》等。

住宅前后二进,第一进为门厅,面阔三间;第二进,三间两厢,进深七檩,整体结构保存完好。

62.杨紫木住宅

杨宅现为市级文物保护单位,位于彩衣街 30 号。原为晚清广东盐运使杨紫木住宅,大门南向,水磨砖砌。门楼上雕有回纹图案,正中有海棠形镂空人物故事砖雕,两边墙垛上部有镂雕花球(东边一球已损)。门枕毁于 1966 年。

杨紫木住宅

63.旌德会馆

现为市级文物保护单位,位于弥陀巷 1、3、5、7 号,为清代安徽旌德盐业客商创办。扬州城区内原属于旌德会馆产业老房子颇多。根据相关资料记载,城区内彩衣街 75 号、90 号、92 号、94 号;弥陀巷 1 号、3 号、5 号、7 号;国庆路 360 号(原史可法路 123 号)339 号;原埂子街 152 号(现为埂子街 146 号),皆有原属旌德会馆产业。

旌德会馆乃扬州最早设立会馆之一。根据现存清康熙五十年(1711)十一月老房契记载"立卖民地民房文契许蓼齐今将祖遗承分民房一所,坐落大东门外司前三铺大街,弥陀寺巷口西首朝南地方……出卖给梅德盛名下永远为业,当日凭字

旌德会馆

中估值时价白银捌佰伍拾两……"其中大东门外司前三铺大街,即今彩衣街;弥陀寺巷口,即今弥陀巷口。梅德盛名义买房之后即为旌德会馆产业,在这后来原契纸上印记注明"此系旌德会馆公有产,无论何人不得抵押变卖"。此康熙年间房契乃扬州至今发现最早房契,当是有史料见证扬州最早会馆。

根据房契记载,当年购买许氏房屋时,前后共有七进房屋,祠堂高敞,屋檐口出檐椽铺飞椽,使之出檐更加深远,屋面坡度曲缓,屋顶颇陡峭,堂柱下鼓墩古拙,圆木柱粗实,梁架用料肥硕,檐桁彩绘依稀可见。整体祠堂建筑有轩峻庄严之势。

64.大涤草堂

该堂在旧城大东门外河沿上,清康熙三十四年(1695),著名画家石涛所建。

据张大千藏本,石涛曾在《寄八大山人信》言:"在平坡上,老屋数椽,古木樗散数株。阁中一老叟,空诸所有,即'大涤草堂'也。"

内有松、竹、兰等植被,并于此曾绘有《松下独游图》及《山亭闲趣图》等画。

此堂背倚城垣,面临濠水。无山似有山意,有水则似溪流。园内外皆自然成景,尤胜人工雕琢。

大东门桥

65.大东门桥

现为市级文物保护单位,位于大东门街东首,东西向横跨于小秦淮河上。始建于明代嘉靖年间,原为明代旧城东城门外护城河上木构吊桥。1927年改为砖石拱桥,石砌桥基、砖券拱顶,桥面长10.7米、宽4.7米。沿用至今,保存完好。

赵氏住宅

66.赵氏住宅

赵宅现为市级文物保护单位,位于正谊巷17号。原系银钱业商人家宅。仪门砖雕精致,上部四角雕有莲花,中嵌白矾石雕福、禄、寿三星,中部雕渔、樵、耕、读,下部雕有周文王访贤人物故事,檐下两角有狮子一对。门楼基本完好,砖雕多为石灰覆盖。

67.四望亭

位于四望亭路东端。始建于南宋宁宗嘉定年间(1208—1224),明代重建,清雍正十三年(1735)修葺,1952、1973、1999年再修。太平军守扬州时,曾用此亭瞭望。亭三层八面,八角攒尖式,通高20.34米,底层有四个拱门,占地面积120平方米,保护完好。今为街心景点,市级文物保护单位。

68.西方寺

现为省级文物保护单位,位于驼岭巷18号。唐永贞元年(805)始建,明洪武五年(1372)重建。后屡有修葺。清咸丰三年(1853)除大殿外,余皆毁于兵火。同治、光绪年间相继复建。现存大殿,歇山重檐,楠木结构,通面阔三间,梁枋有彩绘。柱下木木质,仍然完好。另有两厢廊房、方丈室等清代建筑。清书画家"扬州八怪"之一金农居此安度晚年。1992年起进行全面大修,重建山门殿等建筑,今辟为"扬州八怪纪念馆",对外开放。

有楹联如下:

正厅·郑板桥撰书

四望亭

西方寺

五百年来得名世；一弹指顷定讦谟。

正厅·杨法撰书

寒竹有贞叶；灵芝冠众芳。

金农寄居处·金农撰书

且与少年饮美酒；更窥上古开奇书。

扬州八怪群雕

新声谱出扬州慢
明月听来水调歌

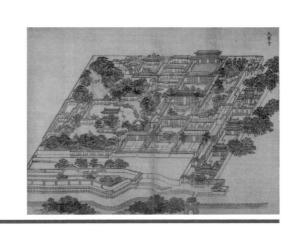

古城中（西）文昌中路北

69.木兰院石塔、楠木楼

石塔位于文昌中路绿岛内,始建于唐开成三年(838)。原在西门外古木兰院内,南宋嘉熙年间(1237—1240)移建于此,清乾隆重修增建石栏,1964年再大修。塔为仿楼阁式,五层六面,通高10.09米,须弥座各面雕有鹿、马、牛等,座上石栏板雕云龙、莲花图案,雕饰风格,明清遗构。塔身每层转角处雕圆形倚柱。塔顶六角攒尖式,葫芦形塔刹。塔身一、三、五层南北两面各有一拱门,其余各面各层均有浮雕佛像,共计二十四尊。地处文昌中路中心绿岛上,文物保护要求,须抬高塔基。现为市级文物保护单位。

嘉庆《重修扬州府志》卷二十八:"古木兰院。县治西,即石塔禅寺。国朝康熙四十七年,僧抚生重葺,又建大悲阁及石戒坛于内。雍正七年,知县陆朝玑复古木兰禅院旧额。《宝祐志》云:'寺旧为蒙因显庆禅院,本慧照寺。刘宋元嘉十七年为高公寺,唐先天元年为安国寺,乾元中为木兰院。'王定保《摭言》云:'王播少孤贫,客扬州木兰院,随僧斋粥。僧厌苦之,饭后击钟。播题诗于壁曰:上堂已了各西东,惭愧阇黎饭后钟。后二纪,播登第,出镇扬州。向题诗处,已碧纱笼矣。因续之,云:二十年前尘土面,

楠木楼

唐代石塔

于今始得碧纱笼。又诗：二十年前此地游，木兰花发院新修。如今重到经行处，树老无花僧白头。'寺盖因此以木兰院著名。及开成三年，建石塔，葬古佛舍利，因改为石塔寺。僧请以慧照旧额，更创于甘泉山，亦名甘泉寺。石塔旧在西门外，宋绍定中塔圮，后僧从旧址重建。至嘉熙中，始移创于城内浮山观之西。宝祐中，贾似道重修。先是，戒禅师住石塔寺。苏轼过扬州，戒往迓之，轼作《石塔寺戒衣铭》，有'石塔得三昧'语。明崇祯中，果有僧三昧者重修，建九佛楼，人遂以苏铭为之先谶。又《渔隐丛话》云：'东坡守维扬，有石塔寺试茶，诗云：禅窗丽午景，蜀井出冰雪。坐客皆可人，鼎器手自洁。正谓谚云三不点也。'"

70.文昌阁

阁位于汶河路广场中。

汶河明时纵贯南北城，唐称官河，宋称市河。唐韦庄《过扬州》："当年人未识兵戈，处处青楼夜夜歌。花发洞中春日永，月明衣上好风多。淮王去后无鸡犬，炀帝归来葬绮罗。二十四桥空寂寂，绿杨摧折旧官河。"明代因该河流经县学、府学、文庙，故称文河、汶河。河上原有开明桥、通泗桥、太平桥、文津桥等。清末河道多处淤塞，后平河筑路，称汶河路。

文昌阁始建于明代。明弘治九年（1496），扬州府同知叶元为沟通两岸，便达府学，河上建文津桥，市河故称文津河，或曰文河、汶河。万历十三年（1585），经两淮巡盐御史蔡时鼎倡导，桥上增建文昌阁，祀奉文昌帝君，以资宏开文运、昌明圣学。后毁于火，万历二十四年（1596），江都知县张宁就原址重建。迭经修葺，倍加壮丽，保持迄今。填河筑路后，文津桥湮埋地下，阁仍矗立于汶河路上，今成为扬州城重要标志。

文昌阁为三层八角形砖木结构，每层檐口均呈圆形，盖以筒瓦，与北京天坛建筑形式相似。阁之台基向四周延伸，底层四面设拱门，东西拱门有台阶，行人可拾级而上。阁之二三两层，四周有窗格，可登楼远眺。下原河道，通瘦西湖。四周开阔，喜庆之日，华灯齐放，光耀数里，蔚为壮观。

董玉书《芜城怀旧录》卷一："文昌阁，又名文昌楼。楼西草堂，诗人萧畏之所居。畏之，名丙章，号萧斋，江都布衣。喜为诗，放荡不羁。小筑数椽，闲莳花树。庭有西府海棠一株，高出檐，花时烂如锦。"

现为省级文物保护单位，成为街心独特文物景点。

150

文昌阁

71.冯广盈住宅

现为市级文物保护单位,位于文昌中路九巷9号,系冯广盈在清光绪年间购筑老屋。其屋布局、体量、装修、雕琢、家具均体现"扬州古明月,陋巷旧家风"古韵。

冯氏老屋大门朝东,八字形磨砖对缝砌筑,砖面细腻光洁,门楼气势昂然,进门堂,入庭院,迎面砖雕福祠,虽已局部残破,然古韵尚存。福祠左为磨砖对缝仪门,入内遗存正宅南向前后三进。仪门内,中进最为考究。有高敞厅堂三楹,前置柏木雕卷篷,堂前旁置廊,东廊有耳门通北向火巷,对面构照厅三间,东进柴房二间。厅堂屏门后穿腰门为三间二厢。东厢有耳门通火巷,偏房面阔三间,是扬州古民居对合二进"前五后七,左右为三"典型规整布局。

冯广盈住宅

72.朱良钧烈士故居

朱氏故居现为市级文物保护单位,位于黄金坝西北。朱良钧(1910—1926),1926年北平"三·一八"惨案殉难烈士。原籍扬州,自幼随父至北平就读。1926年在天安门前参加反帝示威游行,与刘和珍等烈士同时牺牲。1928年棺枢运回扬州安葬。墓地占地20平方米,四周原有砖砌围墙,东向开月洞门。墓冢筑于小平台上,高1米,前立墓碑,上刻隶书"三·一八朱烈士良钧墓",上款"戊辰年仲冬",下款"江邑乡人公立"。

朱良钧烈士故居

73.珍园

该园为清末盐商李锡珍家园。现为市级文物保护单位,位于文昌中路西营九巷。原为"兴善庵",民国初年

珍园园景

改筑为园。园东南有临水小轩，轩旁有湖石假山一座，中有曲洞，上有盘道，山下水池环绕；西有漏窗回廊，向北折西通四方亭，有一园门通连东廊。园北原有楼屋已拆改。

江都李伯通有《过李氏珍园》（四首）："廿年游宦海，高枕梦江湖。别业在城市，名园当画图。小桥穿曲水，仙客聚方壶。四面楼窗启，秋晴月可呼。　　百城书坐拥，疑是'小琅嬛'。有雨即飞瀑，无云多假山。市声丘壑外，人影竹梧间。尽可栖枝借，天空任鸟还。　　尘嚣都谢绝，往来几幽人。近竹宜长啸，看花不厌贫。水光浮潋滟，石骨露嶙峋。儿辈亲文史，翩翩皆凤鳞。　　暑退凉生早，花枝见蝶衣。园亭能免俗，树木已成围。洗砚看鱼出，停琴待鹤归。何时邀月饮，主客共清辉。"

伯通以诗记李氏园，情景交融，身临其境。山洞北石额上有"觅余寺"三字，似有深意。卵石铺径，花木繁盛，有紫薇、丹桂、玉兰、枇杷、松竹及百年白皮松一株。园西筑墙，内宅门额书"柘庵"二字，另井栏刻有"泉源"。珍园园门造型独特，上有"珍园"石刻二字。

董子祠

74.董子祠

该祠现为市级文物保护单位,位于北柳巷 99 号。始建于明弘治年间(1488—1505),祀西汉江都相董仲舒(前 197—前 104)。清咸丰三年(1853)兵火未毁,光绪七年(1881)重修。大殿硬山顶,面阔三间,进深九檩,前有卷棚, 楠木柁梁。殿内东壁嵌有《重修董子祠记》石碑。现为小学使用,为秦淮河游览线上文物景点。

75.题襟馆

馆在运司街南首,两淮盐运使公廨内,清代两淮盐运使曾燠所建。

《扬州览胜录》卷六:"题襟馆在运署内。清嘉庆间,曾宾谷燠都转两淮,提倡风雅,筑题襟馆于署内。一时座上 皆海内名流,觞咏无虚日。著有《邗上题襟集》。……同光间,定远方都转濬颐官两淮时重修。'题襟馆'三字为道 州何太史绍基书,至今墨迹犹藏方氏,余曾亲见之。都转曾以千金购鄂忠武王岳飞真迹,以石刻嵌园内壁间,拓本多 流传海内。"

馆前有"清宴堂",设宴之所,一片翠竹。诗文酒会,入清以来,极盛一时,刊有《题襟馆倡和集》传世,乃扬州官衙园林之甚者,汪研山为绘《题襟馆消夏图》。

《更生斋文乙集》卷三载洪亮吉《题襟馆记》:"题襟馆者,宾谷先生权署中退食之地,亦公谳之所。其地也,踞四达之衢,半尘不入;处三江之会,百舫咸通。稍离听事之廨,别构精思之轩。仿汉上之名,据邗水之胜。奇石三面,回廊四周。高栋接乎层云,危垣隐于修竹。无须馆僮,有候门之鹤;不莳杂木,留扫厅之松。昼接宾友,夜染篇翰。盖官事之暇,无不居于此焉。维时海宇承平,名流辈出,由庚无塞,旁午不惊,以公事及揽胜至者,置郑庄之驿,盈孔融之坐。李部觇象,识西行之星;何公审音,聆南下之棹。夜半之客,宁惟逸甄;日中之期,不爽前范。以是西北之彦、东南之英,有不登先生是堂者,咸若有所缺云。先生亦爱养人材,倾意宾从。有周朗之逸朋,无敬容之残客。寒素麇至,视比于麟鸾;恢奇博收,爱同于彝鼎。执经之彦,多于三伏之星;临书之池,仿彼半规之月。分韵即就,劈笺若飞。振邺都之声,贵洛下之纸。仕宦之地,有神仙之目焉。自癸丑以来,十年于兹,先生以政举尤异,当膺节旄。于是高斋宾僚,横舍弟子,恐盛事莫传,高会不再,属亮吉为之记。亮吉百里来游,三宿生恋。居山谢客,草木颇谙;泛海陶生,鸥鱼并识。兹不辞而为记者,亦以志贤人之集,上比景星名篇之传后成故实云尔。"

方濬颐《次贞翁前辈种竹韵》:"今春课园丁,补竹二百竿。前年种未活,兹方报平安。回念西园中,错落排明轩。诗友忽言别,青士长幽单。客夏复度岭,新箨齐檐端。广陵太荒芜,何地堪栖鸾。君来策疲惫,使我不素餐。鼓勇上坛坫,一剑能劫桓。竹兮解人意,引风拂重栾。安知十年后,不作篑箦看。"

题襟馆·何栻撰书

当年多士登龙,追陪雅集,溯渔洋修禊,宾谷题襟,招来济济英髦,翰墨壮江山之色。繋玉钩芳草,绿蘸歌衫,金带名花,香霏砚席,扬华摘藻,至今传宏奖风流,贤使君提倡骚坛,谁堪梅阁联诗,芜城续赋?

此日有人骑鹤,烂漫闲游,怅文选楼空,蓄蘩馆圮,阅尽茫茫浩劫,园林剩瓦砾之场。只桥畔吹箫,二分月古,湾头打桨,十里春深,补柳栽桑,渐次庆升平景象。大都会搜寻胜概,我欲雷塘泛酒,蜀井评泉。

76.两淮都转盐运使司衙署门厅

该处现为市级文物保护单位,位于国庆北路。系两淮都转盐运使司衙署门厅。坐西朝东,悬山结构盖筒瓦,面阔三间,进深五檩,门厅两侧筑有八字墙,门前有石狮一

两淮都转盐运使司衙署门厅

对,保存完好。2001 年已整修,作为东圈门片历史文化街区西入口景点。

两淮盐漕察院规模,清嘉庆《两淮盐法志》卷二十七:"入大门,为仪门,为大堂五楹,曰'执法台'。"又云:"前为客厅,厅后为桃花泉书屋。"

《鸿雪因缘图记》:"盐政署在扬州内城。大堂为执法台,恭悬圣祖御书'紫垣'额。其西,有四并堂、桃泉书屋。阶下石泉一井,是名'桃花'。……爰于上巳后二日,小集桃泉书屋。邀幕客萧楳生、沈咏楼、沈凤巢,汲桃花泉,煮碧螺春,品画评诗,卧起坐立惟便,畅所欲言。惜无善弈者,雅负范西屏《弈谱》尔!"

范西屏,清代围棋高手。董玉书《芜城怀旧录》:"范西屏《桃花泉棋谱》刻于扬州,以所居盐院有桃花泉而名之。"

有楹联如下:

戏台·郑板板撰书

　　新声谱出扬州慢;明月听来水调歌。

苏亭·卢见曾撰·郑板桥书

　　良辰尽为官忙,得一刻余闲,好诵史翻经,另开生面;

　　传舍原非我有,但两番视事,也栽花种竹,权当家园。

【注释】此联原于此,后随苏亭入筱园。

月映竹成千个字
霜高梅孕一身花

古城东北

盐务会馆

77.盐务会馆

　　现为市级文物保护单位,位于东关街396、398、400号,在历史上曾为盐务会馆、盐务办公室,并隶属运司衙署。入内朝南原有古式楠木大厅,通面阔三间,大厅前有三面回廊拱卫。建筑面积13740平方米。大厅于1983年由园林管理处拆除移建于北门外街卷石洞天内。在此房后至今还保存三进古宅。从东侧巷内朝东八字门楼(现为东关街396号)入内,有天井一方,第一进南首朝北照厅三间,正间朝南大门首现存砖额浅刻"蔼园"二字,右上首浅刻小字"甲申仲春"(1944),左下刻小字"张允和书"。第二进朝南一顺五间,前置走廊,两旁置厢廊。窗门槅扇灯笼锦式及堂屋方砖、卧室地板、壁板一应俱全,完整如初,古色古香。第三进是明三暗五格局,窗明几净,后有小园,内花木、山石,并水井一口。

78.曹起潛故居

现为市级文物保护单位,位于东关街338号。曹起潛(1906—1931),扬州早期党组织领导人,革命烈士。字建虞,曾化名鲁英士、陈君豪,扬州人。1925年由恽代英介绍入党,为扬州最早党组织——中共扬州八中支部书记。1928年起,先后任扬州县委书记、城区区委书记和泰县县委书记,后因特务告密被捕,1931年牺牲。故居大门朝南,四合院传统民居。正屋南向四间七檩,对照北向四间五檩,东西有厢房相连。1970年修缮时,曾拆去正屋南面两架。今为民居住宅。

曹起潛故居

79.逸圃

现为全国重点文物保护单位,位于东关街356号。系晚清钱业经纪人李鹤生所建。大门南向,西部为住宅六进。东部前院为园,迎门堂建八角门,上额隶书"逸圃"二字,入内开门见山,沿东院墙贴壁为山,上建半亭,假山半亭毁于1966年。园北有花厅、书斋,宅后有藏书楼等。花厅南向,外廊天花皆施浅雕。厅后院落,小轩三间,紫檀罩隔,雕刻精美,屋内有暗门道登楼直达北面后园。园西楼屋三楹,内精美镶瓷板绘画槅扇,保存完好。东与个园相邻。

陈从周先生认为逸圃与苏州曲园相似,"都是利用曲尺形隙地加以布置的,但比曲园巧妙。形成上下错综,境界多变。……利用'绝处逢生'的手法,造成由小院转入隔园的办法,来一个似尽而未尽的布局。"

逸圃

80.个园

个园在东关街中段,现为全国重点文物保护单位,是清嘉庆时两淮商总黄至筠于寿芝园故址重建传世名园。园内池馆清幽,水木明瑟,并种竹万竿,以诗句"月映竹成千个字",故名"个园"。实际含有苏东坡"宁可食无肉,不可居无竹;无肉使人瘦,无竹使人俗"以及郑板桥"未出土时先有节,及凌云处尚虚心"诗意。扬州园林以叠石为胜,园内今称"四季假山"以动态多变,内涵丰富而享誉全国。

《个园记》云:"广陵甲第园林之盛,名冠东南。士大夫席其先泽,家治一区,四时花木容与,文宴周旋,莫不取适于其中。仁宅礼门之道,何坦乎其无不自得也。个园者,本寿芝园旧址,主人辟而新之。堂皇翼翼,曲廊邃宇,周以虚槛,敞以层楼,叠石为小山,通泉为平池,绿萝袅烟而依回,嘉树翳晴而翁匌。闳爽深靓,各极其致。以其目营心构之所得,不出户而壶天自春,尘马皆息。于是娱情陔养,授经庭过,暇肃宾客,幽赏与共。雍雍蔼蔼,善气积而和风迎焉。主人性爱竹,盖以竹本固,君子见其本,则思树德之先沃其根;竹心虚,君子观其心,则思应用之务宏其量。至夫体直而节贞,则立身砥行之攸系者实大且远,岂独冬青夏彩,玉润碧鲜,著斯州筱荡之美云尔

个园春山

个园秋山

个园夏山

个园冬山

161

个园北区水榭

清漪亭

哉！主人爱称曰'个园'。园之中，珍卉丛生，随候异色。物象意趣，远胜于子山所云'欹侧八九丈，从斜数十步，榆柳两三行，梨桃百余树'者。主人好其所好，乐其所乐，出其才华以与时济，顺其燕息以获身润，厚其基福以逮室家，孙子之悠久咸宜，吾将为君咏乐彼之园矣！嘉庆戊寅（1818）中秋，刘凤诰记并书。"

吴鼒《个园记跋》："鼒与黄君个园定交，在嘉庆丁巳、戊午间。己未，通籍史馆，十年不相见矣，而鱼雁之通，岁月无间。既以养归，佣笔邗上，相与数晨夕，叙平生欢者，倏忽十二年。个园以名太守之子治谱家传，练于时务，恋恋庭闱，不汲汲仕进，吟风储雨，而军国重事效忠爱不已，其报国与仕同也。性嗜山水，新筑一园，极林泉树石之妙，前辈金门宫保已为作记。个园以余性情近，踪迹熟，更索一言书后。夫个园崇尚逸情，超然霞表，故所居与所位置，不染扬州华之习，而自得晋宋间人恬适潇远之趣。然个园之抱负岂久于山中者哉！扬州亭馆，比胜吴越，余欲仿李格非《洛阳名园记》，罗列为一编，今且跋此记以先之。嘉庆岁阳三在己斗指巳午之间，全椒吴鼒并书。"

《扬州览胜录》卷六："个园在东关街，清嘉道间鹾商黄至筠筑。园内池馆清幽，水木明瑟，并种竹万竿，故号个园。至筠以业鹾起家，为两淮商总，既购街南马秋玉小玲珑山馆，复筑是园，为延宾之所。至筠一

个园夏山

号个园。梅伯言先生有《黄个园家传》载在集中。同光间,园归丹徒李氏,今属江都朱氏,仍名个园,石刻'个园'二字犹存。"

《芜城怀旧录》卷二:"厥后子孙析居,西边一宅,展转归丹徒李韵亭维之昆仲。园有白皮古柏两株尚存,数百年物,今又归朱氏。中有一宅,个园主人黄锡禧居之。锡禧尚风雅,长于诗词文字,时与张午桥、刘树君、汪研山唱和。子沛,号艾生,安徽直隶州习医家针灸法,至上海悬壶,有一指神针之称。所居,已归纪氏! 民国癸酉,余归里,曾赁居数椽,屋后翠竹斑斑,犹有个园遗种。"

金雪舫有《近事诗》:

> 门庭旋马集名流,后燹余生感旧游。五十余年行乐地,个园云树黯然收。

陈重庆有《个园消寒八集》:

> 平分春一半,风雨过花朝。铁干梅横路,金丝柳拂桥。
>
> 名园留胜迹,贤主惯嘉招。犹记赏荷宴,香雪压酒瓢。
>
> 此树霜白皮,蟠根不计年。至今人爱惜,令我意流连。
>
> 忆昔承光殿,参天结荫圆。五云何处所,剩对鹤巢巅。
>
> 慧业庞居士,清吟孟浩然。淡真人比菊,香竞钵生莲。
>
> 刻竹琅玕字,飞花玳瑁筵。醉余纷唱和,应笑老来颠。
>
> 到处园林好,君家王谢家。亭台留朴真,水木况青华。
>
> 名士登盘鲫,衰翁赴壑蛇。闲木就杯酌,未惜日西斜。

另有楹联如下:

大门·潘慕如撰·王冬龄书

> 春夏秋冬,山光异趣;风晴月露,竹影多姿。

宜雨轩·廊柱·李亚如撰·费新我书

> 朝宜调琴,暮宜鼓瑟;旧雨适至,新雨初来。

宜雨轩·轩内·刘海粟书匾　宜雨轩·林散之撰书

> 世无遗草真能隐;山有名花转不孤。

住秋阁·阁南门·孙龙父撰书

> 安得素心人,乐与数晨夕;却疑尘世外,别有一山川。

住秋阁·阁门·李圣和书匾　住秋阁·郑板桥墨迹

> 秋从夏雨声中入;春在寒梅蕊上寻。

乾隆乙丑夏板桥郑燮

竹 风

个园丛书楼

抱山楼·楼上·王冬龄书匾　抱山楼·旧联　张华父书

　　峭壁削成开画障；玉峰晴色上朱阑。

抱山楼·楼下·王板哉书匾　壶天自春·李圣和撰书

　　淮左古名都，记十里珠帘二分明月；园林今胜地，看千竿寒翠四面烟岚。

丛书楼·明子书匾　丛书楼·旧联　周志高书

　　清气若兰，虚怀当竹；乐情在水，静趣同山。

觅句廊·周志高书匾　觅句廊·袁枚句·朱福烓书

　　月映竹成千个字；霜高梅孕一身花。

清漪亭·卞雪松书匾　清漪·秋水集句

　　天气涵竹气；（张说）山光满湖光。（秦系）

清漪亭·魏之祯撰书

　　何处箫声，醉倚春风弄明月；几痕波影，斜撑老树护幽亭。

壶天自春

鹤亭·田原书匾　鹤亭·卞雪松撰书

　　立如依岸雪；飞似向池泉。

步芳亭·曹骥书匾　步芳·朱福烓撰书

　　径隐千重石；园开四季花。

茶室·廊柱·二石道人撰书

　　黯水流花径；清风满竹林。

茶室·阮衍云书匾　晚壁水榭·阮衍云撰书

　　静坐不虚兰室趣；清游自带竹林风。

81. 准提寺

　　现为省级文物保护单位，位于东关街安家巷。始建于明，清康熙十二年（1673）重修，咸丰三年（1853）除大殿外余皆毁于兵火，同治、光绪年间复建。2002年进行整修，现存山门殿、天王殿、大殿、藏经楼，总建筑面积为1419平方米。大殿系明代遗存，清代重新修建，硬山重檐顶，面阔三间。

　　嘉庆《重修扬州府志》卷二十八："大准提禅寺。在疏理道傍。本明疏理道公廨，改建为寺。国朝康熙十二年重修。有施舍田亩碑二统，禁除营卫地租碑一统。"

　　《扬州览胜录》卷六："大准提寺在新城怀远坊疏理道街，本明疏理道公廨，改建为寺。清嘉庆丙寅，阮文达公获宋三公石于二廊庙蔬圃中，移置寺东廊，今嵌西楼壁上。同光间，画师郑芹圃故居与寺为邻，故老每言之。"

准提寺

82.胡仲涵住宅

现为市级文物保护单位,位于东关街306号、312号,为民国年间银行家胡仲涵居所。占地1000余平方米,为民国早期建筑,至今布局完整。东关街306号胡仲涵住宅原为小八字磨砖对缝门楼,旁置汉白玉石鼓一对,门扇厚实,铁皮包镶,钉饰花纹"五福盘寿"。大门下置一尺余高门槛,门楼东连门房一间。南墙砖面皆经过刨磨后加工砌筑,因此墙面显得相当光滑细腻,扬州老房中实为罕见。墙面上原有福祠,后毁,残迹尚存。福祠左为磨砖对缝仪门,此为扬州大富人家住宅传统布局形式。仪门仍完整,入仪门照厅三间,面南正厅三楹,柏木构架,两旁置厢廊。正厅后原有屏门,越过正厅,穿过腰门入后进,迎面住宅为明三暗五格局。东厢置耳门通火巷,正房堂屋和前厅堂地面为方砖铺地,卧室为架空木地板。西套房西板壁还暗连两间暗房,一般很难发现,暗房西壁原有暗门通连东关街312号后进住宅东房。暗房北墙还有一暗门,直通北端东西向窄巷。东套房床后亦有小门通此窄巷。巷北置六角小门抵后庭院、花厅。庭园围墙上架设通透花窗。庭园东置磨砖月门通东火巷,庭园东南角置花台,西南角叠湖石假山,下凿曲状鱼池,旁置石栏。花厅为中西合璧,三面置廊临虚,屋面为单檐歇山式,四角翘飞,厅内门窗西式装修。东关街312号胡氏偏房,面北照厅三间,面南正厅

胡仲涵住宅

武当行宫真武殿

三楹,旁置厢廊,厅前置槅扇,后置屏门。厅后穿腰门,后连住宅三间二厢,共有二进。民国年间,胡仲涵在南通开设泰龙钱庄,后在上海中南银行任经理。20世纪40年代末因病而回扬州东关街306号老屋颐养天年。

83.武当行宫

现为省级文物保护单位,位于东关街中段。初建于明宣德年间(1426—1435),清咸丰间除大殿外,余皆毁于兵火。光绪年间重建,现存前殿、中殿、大殿,占地约2600平方米。大殿系明代遗存,歇山顶,楠木梁架,面阔三间,前有卷棚,殿前院内有古银杏三株。

嘉庆《重修扬州府志》卷二十八:"武当行宫。大东门外大街北。明宣德中,扬州知府陈真建,嘉靖中修。有王轨碑记一统。"

84.冯氏盐商住宅

现为市级文物保护单位,位于东关街292号,为清代冯氏盐商所住。门楼已改,门厅三间尚存,第一进为二道门厅,门厅上有过楼三间,第一进正房为三间一厢;第二进、第三进为三间两厢式住宅,中间以天井相连。建筑东山墙外为一火巷通道。该处建筑大门及门厅破坏较严重,正房郭门、建筑布局、结构保存尚好。

冯氏盐商住宅

85.山陕会馆

位于东关街 250 号至 262 号及剪刀巷 2 号至 6 号。会馆东西向宽 30 余米,南北向长 90 余米,占地面积 3000 余平方米。山西、陕西盐商在扬州设立会馆,属扬州最早盐商会馆之一。至今剪刀巷北墙两端仍嵌有山陕会馆地基北墙界址和西墙界碑石。今会馆门楼虽破落,从旁边腮墙古朴、简洁、斑驳盈尺方砖嵌斜角锦形制看,应属清早期旧筑,具山西门墙风格。从会馆内房屋遗存布局而言,原房纵有三轴线并列。由门楼、福祠、照厅、正厅、偏厅、内室、木楼、庭园、火巷、演戏神台等组合。今存东轴线房屋相对较好,前后原七进房屋,面阔皆为三间,第二进磨砖门楼保存尚好,三飞式檐砖、门楼上端匾墙磨砖嵌六角锦依旧。入内朝南厅堂构架完整。其后各进明间后腰门置磨砖罩面,腰门前后贯通。后进木楼已改建。中轴线房屋亦有七进,前四进房屋皆三间二厢,其后二进房屋明三暗四、明三暗五格局,最后是楼房。西轴线改变较大,原月门墙迹仍在。山陕会馆在 1949 年时曾被利用会馆神台作戏台,称共舞台。东关街 250 号山陕会馆遗迹现为市级文物保护单位。

山陕会馆

86.爱园

在东关大街,清康熙时刑部主事汪懋麟所建。

《浪迹丛谈》卷二:"汪氏懋麟,江都人,丁未进士,授中书。以荐试康熙鸿博,为渔洋山人高足弟子。园中有百尺梧桐、千年枸杞。今枸杞尚存,而老梧已萎。所苗孙枝,无复曩时亭苔百尺矣!此园屡易主,现为运司房科孙姓所有。"

《扬州画舫录》卷十六:"汪懋麟,字季角,号蛟门,生于前明。……蛟门幼聪慧,童时登蜀冈凭吊欧阳文忠公游赏胜概,慨然有复古之志。及冠,与兄耀麟请于守令议复,以他事见阻。……兄耀麟,字叔定,著《抱末堂集》二十六卷。"

嘉庆《重修扬州府志》卷三十:"爱园,汪耀麟之居。耀麟有《爱园唱和》诗。国朝汪耀麟诗:'筑室期容膝,依山结小楼。白云高欲驻,明月迥堪收。树密群峰暗,花深曲径幽。闲来随杖履,欢奉老亲游。'一丘堪坐久,聊以避繁华。乱石松边屋,闲亭竹里家。林疏通鸟雀,窗静敞云霞。凭眺西山晚,高城落照斜。'南轩无别树,一院总梧桐。夜月看常好,秋风听不同。影摇清簟冷,声落小庭空。更喜闻疏雨,潇潇和砌虫。'园林芟辟后,爽气满高台。白露催蝉去,青天送雁来。山枫千叶落,篱菊一花开。秋色谁为赋,诗同小谢裁。'汪楫诗:'笑看桑田八十年,结庐只傍绿阴边。空林过雨疑深谷,陆地留宾是画船。苔径不须藜杖稳,花枝常使角巾偏。最怜楼上风光好,坐对青山听管弦。'汪士裕诗:'卜宅近城东,闲园一径通。虚舟疑傍石,高阁自临风。待客樽常绿,娱亲花正红。竹扉终日掩,此地即山中。'"

有联句:

百尺梧桐阁;千年枸杞根。

郑板桥撰书

百尺高梧,撑得起一轮月色;数间矮屋,锁不住五夜书声。

冬荣园大门

87.冬荣园

该园为省级文物保护单位,位于东关街98号。原为盐商住宅,后转陆姓亲戚。园林已毁,园中花厅1984年移建瘦西湖西园曲水。仅存砖雕门楼,花厅、住宅各一进。该园林垒土为山,山势自西南向东北平衍,与后院屋宇相接。院北馆舍三间,接以两边厢房,绕以抄手廊,庭园成围合之势。植以怪石,参差错落,遍种松、梅。该园假山堆叠手法与纯粹以石块堆叠假山之法颇不同,为研究园林叠山手法及风格的又一实例。

事纪扬州千古胜

名传天下万花魁

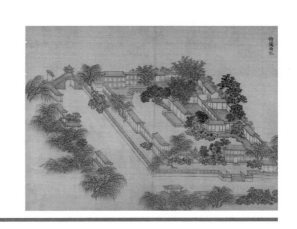

古城中（东）文昌中路北

金粟山房解读牌

88.金粟山房

　　该园在观巷东侧,为清光绪时安徽巡抚陈六舟家园。大门坐西朝东,东门楼呈八字式,磨砖丝缝砌筑,门首楞枋上夹堂板嵌卷草如意图案四幅,意为"事事如意"。今门堂已与历史原存房屋隔断。原入内面南有两路住宅相互毗连,朝南前后各三进,面阔皆五间二厢。现仅存前后二进,原南首一进因市一中建楼已拆,而现存前一进二路一排十间却将原排山板壁拆除。后一进一排十间四厢现仍存。在此西路其宅之后,尚存原"金粟山房"小园,留有花木遗迹。民国初,陈重庆对此宅扩建增修,并作诗《园桂盛开寄怀》,另有《双燕》诗句:"小园半亩锁深幽,便当元龙百尺楼。"从其诗句中可知当年小园有半亩,内有桂花、桃花等花木。李涵秋作《广陵潮》曾提到其园有"苍松合抱,翠竹成林,晚花与斜日争妍,画槛与四廊相接"。

89.琼花观

　　现为市级文物保护单位,位于文昌中路。琼花观亦称"蕃釐观",建于西汉成帝元延二年。宋代在观中发现琼花一株,故俗称"琼花观"。

　　《大明一统志》之《扬州府》:"琼花,一名玉蕊花,在蕃釐观内,或云唐所植,天下独一株,故宋欧阳修作无双亭以赏之。"又:"蕃釐观在府城东,即古后土庙,又名唐昌观。"《嘉庆重修一统志》之《扬州府》:"蕃釐观在甘泉县东大门外。旧《志》:即古后土祠,旧有琼花产焉。汉元延二年建。《方舆纪要》:五代以前在城外,俗云'琼花观',唐中和二年改名'唐昌'。"

　　宋王禹偁《后土庙琼花诗二首并序》:"扬州后土庙有花一株,洁白可爱,且其树大而花繁,不知实何木也,俗谓之琼花云,因赋诗以状其态。"其一:"谁移琪树下仙乡,二月轻冰八月霜。若使寿阳公主在,自当羞见落梅妆。"其二:"春冰薄薄压枝柯,分与清香是月娥。忽似暑天深涧底,老松擎雪白婆娑。"

　　韩琦《琼花》诗:"维扬一株花,四海无同类。年年后土祠,独比琼瑶贵。中含散水芳,外团蝴蝶戏。酝酿不见香,芍药惭多媚。扶疏翠盖圆,散乱真珠缀。不从众格繁,自守幽姿粹。尝闻好事家,欲移金毂地。既违孤洁情,终误栽培意。洛阳红牡丹,适时名转异。新荣托旧枝,万状呈妖丽。天工借颜色,深浅随人智。

琼花观无双亭

琼花观三清殿   琼花观玉勾井

三春爱赏时，车马喧如市。草木禀赋殊，得失岂轻议。我来首见花，对花聊自醉。"

吴绮《扬州鼓吹词序》："蕃釐观，在东关内，汉后土祠也，宋政和易此名。有琼花一株，类聚八仙，花色微黄而香，欧阳修作无双亭覆之，因呼'琼花观'。淳熙间，寿皇移之南内，逾年而枯，送还复茂。绍兴辛巳，金主亮揭本而去。及元时，其种遂绝。呜呼！一花之微，而盛衰各有其时。"

《扬州览胜录》卷六："蕃釐观在东关内田家巷西、观巷东，汉后土祠也。建于成帝元延二年。唐中和二年高骈镇扬州增修，名唐昌观。宋政和间易名蕃釐观。观内生琼花一株，类聚八仙，色微黄而香，相传天下无双。欧阳修守郡时，筑无双亭以覆之，由是扬州以琼花名天下，因称'琼花观'。淳熙间，寿皇移之南内，逾年而枯，送还复茂。绍兴辛巳，金主亮揭本而去，至元时其种遂绝。观后有井，道家者流谓下有'玉钩洞天'，因名'玉钩井'。明万历二十年，太守吴秀创建弥罗宝阁于三清殿后，其地即后土祠遗址。清乾隆二年增建，四年阁毁，十年修复。阁凡三层，高宏壮丽，为城中极大建筑。登阁上可俯视全城，惜于光绪中复毁，今惟三清殿巍然独存。"

现存琼花台、蕃釐观石额、"玉钩洞天"井及部分寺庙建筑。经房产部门整修对外开放，并迁兴教寺大殿改建为三清殿。

琼 花

有楹联:

三清殿·匾　三清殿·金砚石书

　　事纪扬州千古胜;名传天下万花魁。

琼花园廊房·熊百之书匾　琼花园

　　明月三分有其二;琼花一树世无双。

聚琼轩·卞雪松撰书匾　聚琼轩·旧联　金砚石书

　　一树团圞花簇蝶;满庭璀璨玉生香。

仙葩亭·匾额　仙葩亭·蒋永义集句书

　　标格异凡卉;蕴结由天根。

文杏园茶社·卞雪松书匾　文杏园茶社·阮衍云书
于谦句

　　珑璁色染清清露;烂莘香凝淡淡风。

玉立亭·二石道人书匾　玉立亭·熊百之撰书

　　玉容偏雅淡;园色自清腴。

玉钩洞天·李圣和撰书

　　坚贞岂许移殊域;萌蘖依旧苗故乡。

丁莪臣住宅

90.丁莪臣住宅

　　位于地官第12号,盐商丁莪臣住宅,现为市级文物保护单位。现存砖雕门楼、大厅、二厅及住宅楼共五进,占地约600平方米。大厅硬山顶,面阔三间,进深七檩,杉木梁架,前后有卷棚,厅南两侧有廊相接,两山墙外侧嵌有"西岳华山庙碑"石刻6方。应结合东圈门片历史文化街区整治,加大投入进行整修,可辟为地方传统工艺品展示场所。

91.小倦游阁

在东关街南观巷,乃清代书法家包世臣寓所。

包世臣《小倦游阁记》:"嘉庆丙寅,予寓扬州观巷天顺园之后楼。得溧阳史氏所藏北宋枣版《阁帖》十卷,条列其真伪,以襄阳所刊定本校之,不符者右军、大令各一帖,而襄阳之说为精。襄阳在维扬倦游阁成此书,予故自署其居曰'小倦游阁'。"

《扬州览胜录》卷六:"小倦游阁在罗湾,为包慎伯先生之寓庐。先生名世臣,字慎伯,清泾县人,嘉庆举人,以工书名海内。官江西知县,留心治术,著有《安吴四种》,并刻有《小倦游阁丛帖》。后板归仪征张太史午桥。光绪季年,其屋改为凤鸣轩茶肆,时小倦游阁犹存。今茶肆易为工商店。"

书斋有楹联:

喜有两眼明,多交益友;恨无十年暇,尽读奇书。

为留隙地铺明月;不筑高楼碍远山。

小倦游阁

92.马氏住宅(洪友兰故居)

住宅现为市级文物保护单位,位于地官第 10 号。晚清民居,原为马姓所有,后转归国民党中央委员、国大秘书长洪兰友。宅坐北朝南,现存西部住宅五进,第一进大厅硬山造,面阔五间,进深七檩,杉木梁架,前后皆有卷棚,两侧有廊,后四进住宅皆面阔五间,东有花厅,占地面积约 1600 平方米。

马氏住宅

93.汪氏小苑

　　小苑现为全国重点文物保护单位,位于地官第14号。系盐商汪伯屏所建,占地近4000平方米。大门南向,园与住宅融为一体,曲折多变。有"迎曦""小苑春深"等四个庭院。住宅东西三轴,前后各三进,建筑装修精致。中路正宅前有水磨砖雕门楼,东部花厅系柏木梁柱,面阔三间,进深七檩,前后有卷棚,厅内罩格精工雕琢,屏门上嵌有纹饰精美大理石。小苑是园林中别具一格佳作,为东圈门片历史文化街区重要文物旅游景点,今整修对外开放。

　　有楹联一副:

春晖堂·陈含光撰书

　　既肯构,亦肯堂,丹膜堊茨,喜见梓材能作室;

　　无相犹,式相好,竹苞松茂,还从雅什咏斯干。

汪氏小苑巷景

小苑春深

可栖徙

清真寺

94.清真寺

　　现为市级文物保护单位,位于马监巷东侧,是清康熙五十三年(1714)古元秉所建。整座建筑设有门厅、牌坊、礼拜殿、照厅、水房、厢房、宿舍等数十间。牌坊上有"整容门"匾,院内有银杏树、"怀清井"。怀清井,民间称为"七奶奶井",传为七烈女避难入清真寺殉节处,井旁墙上嵌砌有记载七烈女事迹石碑一块。民国初年,寺内曾附设回民丧葬所《北平震宗报》扬州二分社、伊斯兰报室。1933年,寺内办回民文化传习所。1947年秋至1949年夏,回民青年会在寺内开办生生小学。1958年以后,地方上先后在礼拜寺办起了标牌厂、麻袋厂、制刷厂,厂房改造时,其建筑遭严重破坏。

95.江都县文化界救亡协会旧址

　　现为市级文物保护单位,位于谢家巷13号,原为陈氏住宅,曾是中共地下党秘密联络点。1937年宅主人革命前辈陈素与著名烈士江上青等人在此筹建"江都县文化界救亡协会",转赴皖、鄂等省开展抗日救亡活动。建筑前后三进,三间两厢式民居,前后天井相连。宅西为一小庭园,庭园内有客厅一间。

江都县文化界救亡协会旧址

96.街南书屋(小玲珑山馆)

书屋在东关街薛家巷西,乃安徽祁门大盐商巨子马氏城市山林。

马曰璐《小玲珑山馆图记》:"扬州古广陵郡,女牛之分野,江淮所汇流。物产丰富,舟车交驰,其险要扼南北之冲,其往来为商贾所萃。顾城仅一县治,即今之所谓旧城也。自明嘉靖间以防倭故,拓而大之,是以城式长方。其所增者,又即近今之所谓新城也。

"余家自新安侨居是邦,房屋湫隘,尘市喧繁,余兄弟拟卜筑别墅,以为扫榻留宾之所。近于所居之街南得隙地废园,地虽近市,雅无尘俗之嚣;远仅隔街,颇适往还之便。竹木幽深,芟其丛荟,而菁华毕露;楼台点缀,丽以花草,则景色胥妍。于是,东眺蕃釐观之层楼高耸,秋萤与磷火争光;西瞻谢安宅之双桧犹存,华屋与山丘致慨。南闻梵觉之晨钟,俗心俱净;北访梅岭之荒戍,碧血永藏。以古今胜衰之迹,佐宾主杯酒之欢。余辈得此,亦贫儿暴富矣。于是鸠工匠,兴土木,竹头木屑,几费经营。掘井引泉,不嫌琐碎。从事其间,三年有成。中有楼二:一为看山远瞩之资,登之则对江诸山

新修复的街南书屋大门

约略可数；一为藏书涉猎之所，登之则历代丛书勘校自娱。有轩二：一曰'透风披襟'，纳凉处也；一曰'透月把酒'，顾影处也。一为'红药阶'，种芍药一畦，附之以'浇药井'，资灌溉也。一为'梅寮'，具朱绿数种，縢之以石屋，表洁清也。阁一，曰'清响'，周栽修竹以承露。庵一，曰'藤花'，中有老藤如怪虬。有草亭一，旁列峰石七，各擅其奇，故名之曰'七峰草亭'。其四隅相通处，绕之以长廊，暇时小步其间，搜索诗肠，从事吟咏者也，因颜之曰'觅句廊'。将落成时，余方拟榜其门为'街南书屋'，适得太湖巨石，其美秀与真州之美人石相埒，其奇奥偕海宁之皱云石争雄，虽非娲皇炼补之遗，当亦宣和花纲之品。米老见之，将拜其下；巢民得之，必匿于庐。余不惜资财，不惮工力，运之而至。甫谋位置其中，藉作他山之助，遂定其名'小玲珑山馆'。适弥伽居士张君

新修复的小玲珑山馆门景

玲珑遗石

新修复的街南书屋七峰草亭

过此，挽留绘图。只以石身较岑楼尤高，比邻惑风水之说，颇欲尼之。余兄弟卜邻于此，殊不欲以游目之奇峰，致德邻之缺望。故馆既因石而得名，图以绘石之矗立，而石犹偃卧以待将来。若诸葛之高卧隆中，似希夷之蛰隐少室，余因之有感焉。夫物之显晦，犹人之行藏也。他年三顾崇而南阳兴，五雷震而西华显，指顾间事，请以斯言为息壤也可。图成，遂为之记。"

《扬州画舫录》卷四："马主政曰琯，字秋玉，号嶰谷。祁门诸生，居扬州新城东关街。好学博古，考校文艺，评骘史传，旁逮金石文字。……弟曰璐，字佩兮，号半查，工诗，与兄齐名，称'扬州二马'。举博学鸿词不就……佩兮于所居对门筑别墅，曰'街南书屋'，又曰'小玲珑山馆'。"又卷八："扬州诗文之会，以马氏小玲珑山馆、程氏筱园及郑氏休园为最盛。至会期，于园中各设一案，上置笔二枝，墨一，端砚一，水注一，笺纸四,诗韵一,茶壶一,碗一,果盒、茶食盒各一。诗成即发刻,三日内尚可改易重刻,出日遍送城中矣!"

《扬州览胜录》卷六:"小玲珑山馆故址在东关街薛家巷西,即今尹氏宅总门内也。宅东园基近归陈氏,本名街南书屋,旧为祁门马曰琯、曰璐兄弟别墅。马氏好客,与天津查氏相埒,时称'北查南马'。街南书屋旧有景十二:曰小玲珑山馆,曰看山楼,曰红药阶,曰透风透月两明轩,曰石屋,曰清响阁,曰藤花庵,曰丛书楼,曰觅句廊,曰浇药井,曰七峰草堂,曰梅寮。以小玲珑山馆最有名。座上诸客皆当代名流,如杭州厉樊榭、鄞县全谢山、仁和杭大宗辈,往来扬州,皆住小玲珑山馆。曰琯兄弟并结邗江诗社接待海内诗人,当时称盛。"

梁章钜在《浪迹丛谈》卷二中说:"曾两度往探其胜",其园已归"黄右原家,右原之兄绍原太守主之"。"右原为录示梗概"云:"康熙、雍正间,扬城鹾商中,有三通人,皆有名园。其一在南河下,即康山,为江鹤亭方伯所居。其园最晚出,……筵宴之盛,与汪蛟门之'百尺梧桐阁',马半槎之'小玲珑山馆',后先媲美,鼎峙而三。……至小玲珑山馆,因吴门先有'玲珑馆',故此以'小'名。玲珑石即太湖石,不加追琢,备透、绉、瘦三字之奇。马氏兄弟,皆荐试乾隆鸿博科。开四库馆时,马氏藏书甲一郡,以献书多,遂拜《图书集成》之赐,此《丛书楼书目》所由作也。然丛书楼,转不在园。园之胜处,为街南书屋、觅句廊、透风透月两明轩、藤花庵诸题额。主其家者,为杭大宗、厉樊榭、全谢山、陈授衣、闵莲峰,皆名下士,有《邗江雅集》《九日行庵文宴图》问世。辗转十数年,园归汪氏雪礓。汪氏为康山门客,能诗善画,今园门石碣题'诗人旧径'者,犹雪礓笔也。园之玲珑石高出檐表,邻人惑于形家言,嫌其与风水有碍,而惮鸿博名高,隐忍不敢较。鸿博既逝,园为他人所据,邻人得以伸其说,遂有瘗石之事。故汪氏初得此园,其石已无可踪迹,不得已以他石代之。后金棕亭国博过园中觞咏,询及老园丁,知石埋土中某处。其时雪礓声光藉甚,而邻人已非复当年倔强,遂决计诹吉,集百余人,起此石复立焉。惜石之孔窍,为土所塞,搜剔不得法,石忽中断。今之玲珑石,岿然而独存者,较旧时石质,不过十之五耳。汪氏后人,又不能守,归蒋氏,亦运司房科。又从而扩充之,朱栏碧甃,烂漫极矣,而转失其本色,且将马氏旧额悉易新名。今归黄氏,始渐复其旧。"

书屋于数年前已经重建,然地址、园景与史上差异较大。

郑超宗所绘《马半槎园林行乐肖像图》传世,上有众多名人题跋。如阮元嘉庆十三年(1808)题跋:

雍正间,扬州二马君,风雅好古,一时名士,多主其家。玲珑山馆藏书,甲于东南,今皆散佚。扬州业盐者多,今求一如马君者,不可得矣! 偶于市间得此图,又得郑超宗先生画,并记载之。

玲珑山馆凝香尘,剩有丹青尚写真。万卷图书三径客,而今不复有斯人。

筱园主人程梦星"题似"诗云:

闲来避客山犹浅,静里耽吟懒未成。最是午冈惊睡觉,激残松籁又秋声。

百城南面纵遐观,却爱闲闲十亩宽。安得买山同小住,一瓻常许借书看。

双业山民全祖望"题奉"诗:

觅句廊边日落,看山楼上云生。高人坐啸其下,如有鸾声凤声。

西头大有人在,春酒半槎正浓。底事披图不见,池塘独坐空蒙。

郑板桥撰书

咬定几句有用书,可忘饮食;养成数竿新生竹,直似儿孙。

97.刘文淇故居

故居现为市级文物保护单位,位于东圈门14号,刘氏世代居此。刘文淇(1789—1854),仪征人,字孟瞻,清代训诂学家。故居名"青溪旧屋",亦称"刘氏书屋",系清代民居,坐北朝南,前后三进,小青瓦平房。入门为一院落:第一进厅房面阔三间,西南有小轩,原额为"兰榭",为刘文淇之曾孙刘师培少时读书处;第二进三间两厢一套间,1945年改建过;第三进三间两厢。西部原有花园,筑有方亭书屋,1950年倒塌。故居大部仍为刘氏后裔居住,1992

刘文淇故居

年 10 月, 前进厅房和山轩毁于火, 已按原格局重建为平房。

有楹联两副:

第一进屏门联·汪士铎撰·赵之谦书

　　红豆三传侯门趾; 青藜四照宝树连。

第二进·汤金钊书匾　　达尊望重·莫友芝撰书

　　左酒右浆, 喜叠其室; 伯歌季舞, 福为我根。

98.华氏园

位于斗鸡场 2 号、4 号, 原为华氏盐商住宅, 建于清代晚期。建筑体量较大, 正门现在斗鸡场 4 号, 后至马坊巷 6 号。正门为砖雕水磨门, 进门为三间门厅, 一小庭院。整个建筑群分中、东、西三路。正门为中路, 东西各有一火巷与东、西建筑相连。东路第一进三间一厅, 累经改造, 难辨旧貌。第二进为四间花厅, 旧有水池一方。第三进、第四进为砖木结构二层小楼。第三进小楼为上下四开间, 第四进为五开间小楼, 与中路正房相连。中路、西路中四进为三间两厢式住宅群, 前后以天井相连。中路后一小庭院, 连接 "L" 形坐西朝东、坐北朝南各三间小平房。该建筑群高低错落, 庭院相连, 结构完整, 为晚清时期盐商住宅最具代表典型之一。东路后进为小庭院, 庭院东南角有飞檐漏窗方亭, 向北残存黄石假山, 假山北有二层三开间砖木结构小楼一座。该园现为省级文物保护单位。

华氏园

99.壶园

现为市级文物保护单位,园在东圈门中段,清末江西吉安知府何廉舫家园。何杖（1816—1873）,字廉舫,号悔余,又号南塘渔隐。江苏江阴人。道光进士,官至吉安知府。壶园,一作"瓠园",见园主人所作《立秋后三日,招蝯叟、谦斋、叔平宴集》诗。《芜城怀旧录》:"城陷罢职归,侨居扬州运司东圈门外,辟'壶园'为别业。"

民国《甘泉县续志》卷十三:"瓠园,一名壶园,在运使署东圈门外,江阴何廉舫太守杖罢官后所筑。"

《扬州览胜录》卷六:"壶园在运署东圈门外,……江阴何廉舫太守罢官后寓扬州,购为家园,颇擅林亭之胜。增筑精舍三楹,署曰'悔余庵'。园内旧有宋宣和花石纲石舫,长丈余,如鹅卵石结成,形制奇古,称为名品。太守为曾文正公门下士,以词章名海内,著有《悔余庵诗集》。文正督两江时,按部扬州,必枉车骑过太守宅,往往诗酒流连,竟日而罢。"

曾国藩赠有联句:"千顷太湖,鸥与陶朱同泛宅;二分明月,鹤随何逊共移家。"其子何彦升,随杨子通出使俄国,官至新疆巡抚。名士方地山有联:"身行万里路,能通六国书,无怪群公,欲使班超定西域;凄凉玉门关,呜咽陇头水,早知今日,不如何逊在扬州。"

陈重庆《何骈恩舫我壶园,是为消寒九集,长歌赠之》诗云:

君家家世吾能说,近日壶舫尤密弥。重游何氏访山林,杜老诗篇狂欲拟。

是时晴暖春融融,夭桃含笑嬉东风。升阶握手喜相见,冯唐老去惭终童。

虾帘鲜地围屏护,蛎粉回廊步屧通。半榻茶烟云缥缈,数峰苔石玉玲珑。

方池照影宜新月,复道行空接彩虹。洞天福地神仙窟,白发苍颜矍铄翁。

又录壶园楹联十副如下:

何杖撰书

自抛官后睡常足;不读书来老更闲。

泛萍十年,宦海抽帆,小隐遂平生,抛将冠冕簪缨,幸脱牢笼知敞屣;

明月二分,官梅留约,有家归不得,且筑楼台花木,愿兹草创作菟裘。

种召平瓜,栽陶令菊,补处士梅花,不管他紫姹红嫣,但求四序常新,野老得许多闲趣;

放孤山鹤,观濠上鱼,狎沙边鸥鸟,值此际星移物换,唯愿数椽足托,晚年养

壶 园

未尽余光。

　　前尘如梦,旧游忆西子湖边,十年冠盖虚掷,笑我也曾骑黑卫;

　　缺憾常留,小憩梦吴公台畔,九曲栏杆倚遍,教人何处看青山?

　　藉花木培生气;避尘嚣作散人。

　　东阁观梅,扬州风月;南塘野草,何氏山林。

　　移来一品洞天,颠甚南宫拜石;领取二分明月,快似北海开樽。

壶园书斋

　　历劫不贫才独富;知音甚少客偏多。

壶园大厅

　　酿五百斛酒,读三十年书,于愿足矣;

　　制千尺大裘,营万丈广厦,何日能之。

【注释】此联一说何栻自制,一说曾国藩所作。

后门

　　客来骑鹤地;家傍斗鸡台。

100.李长乐故居

现为市级文物保护单位,位于东关街五谷巷41号,为清光绪年间直隶提督李长乐住宅。五谷巷,原名蛇尾巷,后因李长乐购建之居,改称五福巷,今名五谷巷。李长乐(1838—1889),字汉春,盱眙半塔集人,历任湖北、湖南、直隶提督。李长乐从军数十年,一生得有三个巴图鲁(即"勇士"称号),清朝历史上十分罕见。清同治初年,李任参将时购建。东至五谷巷西侧,南至问井巷,西至问井巷2号,北至东关街345号现规划设计院内,原占地面积2000余平方米,原有房屋大小八十余间,建筑面积1000余平方米,组群布局分东、中、西三路及小花园。

李长乐故居巷景

东纵轴线住宅：原五福巷 6 号大门楼坐北朝南，当年甚为气派，大门西旁有土地祠、上马石，门楼对面有大照壁，今已不存。原来进入门楼，内有照厅、正厅，正厅为柏木构架，其后为二进住宅，前后主房连门楼共有五进，皆面阔五间。再后还有厨房、附房小院等，东路建筑为李长乐故居最好住宅。

中纵轴线住宅：即今五谷巷 41号，大门楼朝东，历史原样尚存，格局基本完整。门楼比寻常人家宽阔，呈八字形。入门楼，有大天井一方，右折，坐北朝南主房前后原有三进，皆三间二厢式，现存二进，其后拖一厢，已拆。入门楼，迎面朝东仪门尚完整。沿仪门外边北向火巷一道，站在巷口举头北望，甚为壮观。巷内青整砖灰砌高墙，墙面横平竖直，墙头檐口下一顺磨砖抛方砖完好。一溜高墙顶端砌筑独脚屏风五朵，高低错落，排列有序，据此断定，住宅历史上前后原有五进房屋。

长乐客栈内景

101.张德坚住宅

现为市级文物保护单位,位于沙锅井 2–1、2–2 号,清末民初张德坚购置旧庭院为居所。住宅东西两路,坐北朝南。门楼水磨砖雕,面阔三间,保存完好。东路,三间两厢住宅一进。西路两进,南为四间花厅,厅前一小庭园式天井,内尚存部分假山石和花草;第二进为三间两厢式住宅。宅西北围墙外即为"沙锅井"。

张德坚住宅

102.沙锅井

现为市级文物保护单位,位于东圈门沙锅井巷,清同治二年(1863)《扬州府治图》即有记载。黄麻石井栏,呈圆弧状,卷边,形似沙锅,故名。井壁砖砌,今仍为居民日常生活使用。

沙锅井

103.诸青山住宅

住宅现为市级文物保护单位,位于国庆北路 342–346 号。建于清代,为盐商诸青山、诸坤山兄弟住宅。坐北朝南,占地 746 平方米。过门堂中轴有仪门,入门大厅,面阔三间,进深七檩。厅内竹雕罩格,装修精美,厅后有抄手廊,后进三间两厢,厅与宅东均有套房、客座、书斋,西为下房。

诸青山住宅

文星耀闾里
高标树楷模

古城中（东）文昌中路南

104.小圃

现为市级文物保护单位,位于夹剪桥 10 号。清同治间户部主事陈象衡建。宅坐北朝南,分东西两轴,前后各二进,占地约 650 平方米。东侧大厅及住宅楼皆为三间两厢,厅西有门通花厅,花厅面阔三间,西侧有廊,进深七檩,前有卷棚,厅内置雕花罩格。厅西侧有套房、天井,壁上嵌"陈象衡墓志铭"石刻两方。厅后为明三暗五住宅,厅南有园林景观,年久失修。

小 圃

105.如意井

清代水井,位于如意巷西首。白矾石井栏,上刻高浮雕龙凤、花卉图案。井壁青砖砌筑,井台已改动。《扬州园林》曾经著录。现为市级文物保护单位,仍为附近居民生活用井。

如意井

106.爽斋

该园在夹剪桥东 15 号,清末诗人张曙生寓所。

张家清贫,设馆教书。后改设书室,以书法诗文名于时。张氏爽斋,亦家亦园,宅第狭长,园于前庭。开门见竹,密筱丛生,一片清翠。丛竹之中,枇杷一株,冬花夏实,换景之植。园北屋五间为"爽斋"。斋有联:"酌酒花间;磨针石上。"园东有屋,三间两厢,进深五架,缘南墙有芭蕉、凌霄,夏初花红吐艳,仲夏蕉绿怡人。次子张家謇,力耕于斯,园得重整。张氏卒年七十,著《爽斋诗文集》,内有《夏日与友人登小金山》(二首):

> 小金山下景偏娆,一路迢迢品玉箫。水碧峰青天一色,画船来往五亭桥。

> 兴来携手上风亭,四顾湖山放浪吟。莲塔巍峨斜对峙,小舟荡漾碧波心。

寄情山水,一路品箫,素园寄傲,淡泊有志。

爽 斋

107.魏次庚住宅

　　现为市级文物保护单位,位于永胜街40号,为盐商魏次庚家园,建于清代。大门西向,建筑坐北朝南,东为住宅,西为园林。东部建筑前后五进,前为照厅、大厅,后为三进住宅。大厅面阔五间,进深七檩,前后有卷棚。厅后三进皆为三间两厢,两侧有套房小院。宅西园林仅残存山石树木,原有四面厅——"吹台",内悬郑板桥书"歌吹古扬州"横匾,后移至瘦西湖上;船厅一座,已移建于大虹桥南"西园曲水"。

原魏次庚住宅内石舫

刘春田住宅

108.刘春田住宅

现为市级文物保护单位,位于饺肉巷 1 号,为民国年间盐商刘春田所建。大门北向,门楼已毁,大门对面有砖砌照壁。进门,为一庭院,庭院南部为东西两组住宅,均前后三进。第一进均为平房,分别为门厅和偏厅;第二、三进为两层串楼式住宅。建筑高大轩敞,砖雕、房檐做工讲究。于 1940 年转售粮商庞春甲。

玉井巷民居

109.玉井巷民居

清末民初民居,位于玉井巷 11 号,现为市级文物保护单位。水磨砖雕门楼,砖雕为孔雀、牡丹纹样,门楼为四间楼厅。进大门分东西两路住宅。东路三进住宅,明三暗四,中间以天井相连。西路第一进为门厅,面阔五间;第二进花厅,面阔五间;第三、四进为明三暗五住宅。该组建筑,槅扇等木装修保存较好,原有园林,仅残存迹象。

玉 井   玉井巷 66 号徐氏住宅   湾子街 210 号民居

110.玉井

清代水井,位于玉井巷内。青石井栏,上刻"玉井""丙寅"字样。井壁青砖砌筑,井台已改动。今仍为附近居民生活用井。

111.玉井巷 66 号徐氏住宅

现为市级文物保护单位,位于玉井巷 66 号,建于清末民初。前后三进,第一进为门厅,明三暗四式住宅,第一进与第二进之间为小庭园,第二进、第三进为明三暗四带厢房式住宅。二、三进之间有天井相连。该组建筑东西二山墙以山形风火墙前后相连,为清末民初小康之居代表。

112.湾子街 210 号民居

民居系清末民初建筑,现为市级文物保护单位。坐东朝西,由东西两进楼房、一进平房组成。东为平房,三间两厢。西为四合院式串楼,串楼上下两层,有一门厅通湾子街。该建筑平面布局充分利用空间,随街道地势而建。

113.板井

位于板井巷内,巷因井而得名。青石井栏,井栏已改,后配井栏上刻"板井"二字,砖砌井壁。现为市级文物保护单位,仍为当地居民使用。

板 井

114.藏经院

现为市级文物保护单位,位于宛虹桥53号。始建于明万历年间,清代重修。院门朝南,山门殿三间,内供弥勒佛、护法韦驮及哼哈二将。第二进三间,为大殿,内供千手观音菩萨。第三进为藏经楼,楼上下各三间。另在三楼殿西有僧厨、斋堂、客堂、方丈室、寮房、暗室等建筑。建国后,为宛虹桥小学所用。经不断改造,今仅存藏经楼一座。

藏经院

115.地藏庵

位于宛虹坊34号,始建于唐代,清代重建。

地藏庵门朝南,门前一堵照壁。山门殿三间,内供弥勒佛、护法韦驮、四大天王。第二进三间为大殿,殿内主供地藏菩萨。第三进是上下各三间楼房,楼内供地藏娘娘,有娘娘房,山门殿至大殿东侧有走廊。大殿到后楼东侧建有方丈室、客堂、斋堂、僧舍等。另外还有暗室。现为市级文物保护单位。

地藏庵

116.许幸之故居

当代油画家、美术理论家、文学家许幸之故宅,位于板井巷38号、40号。许幸之(1904—1991),扬州人,曾任上海中华艺大西洋科主任,副教授,参加过左翼文化运动,被推选为中国左翼美术家联盟主席,后赴苏北解放区,参与筹建"鲁艺"华中分院并在该院任教。新中国成立后,先后任职苏州市文联主席,上海科教中影制片厂副厂长等职。先后创作《巨手》《失业者》《工人之家》《无高不可攀》《海港之最》等多幅优秀作品,创作了《伟人在沉思中》,为国务院办公室征集、永久陈列。出版了《永生永世之歌》及散文集《归来》。在上海电通影片公司导演了《风云儿女》,其主题歌《义勇军进行曲》与插曲《铁蹄下的儿女》(许幸之词、聂耳曲)风靡全国,影响颇大。1991年病逝于北京。

故居东西两条轴线,住宅前后各四进。东轴,原门厅已毁,进门为一庭院,过庭院

许幸之故居

王少堂故居

为对合式三间两厢,进深七檩大厅,三、四进结构基本与第二进相同。西轴,第一进为门厅,面阔三间。过门厅亦为一庭院,第二进为大厅,略有改建,三间两厢。第三进住宅,现已改建。第四进基本保存完好。现为市级文物保护单位。

117.王少堂故居

现为市级文物保护单位,位于湾子街三多巷10号。王少堂(1889—1968),扬州人,扬州评话表演艺术家,中国曲艺工作者协会副主席,第三届全国人大代表,以说名著《水浒传》一书而著称,其中演说"武十回"和"宋十回",已整理成《武松》《宋江》二书出版。故居系清代传统民居,正宅为四合院,为三间两厢一对照,保存有王少堂使用的家具和有关物品。今仍为其后裔住用。

宋 井

118.宋井

现为市级文物保护单位,位于文昌中路。井建于南宋嘉熙四年(1240),所在地原为宋大城内东南隅。该地原为莲花桥,后为莲桥东巷。传住宅为莲花庵故址,井为庵中物。青石井栏,上刻有"皇宋嘉熙肆年庚子至节寿昌沙门基"字样。1987年开拓琼花路建设莲花街坊时,井原址划定保护。原井栏由文物部门收藏,按原样复制井栏置井上,井南面街建有井壁,上嵌"宋井"石额;在井北临街增建一观井方亭,形成景点。

119.扬州教案旧址

　　现为市级文物保护单位,位于皮市街147-149号。旧址为基督教堂,1868年(同治七年)英国传教士戴德生所办,为扬州最早基督教堂之一。此前,有法国传教士于1867年冬在扬设育婴堂,仅半年多即虐死婴儿四十多名,激起民愤。1868年夏,扬州人民张贴揭帖,反对"洋教",清朝两江总督曾国藩妥协媚外,将扬州知府撤职,赔偿"损失",并立碑保护外国教会,是有全国影响的最早教案。教案旧址占地约800平方米,大门东向,现存两幢南向二层楼房及水井一口。楼房基本保持原样,后楼面阔五间,前楼面阔三间,两楼间教堂原址已改建为平房。原大门仍在,门前碑已不存,另在两楼前东墙开便门。现为居民住宅。

扬州教案旧址

万寿寺

120.万寿寺

　　寺现为市级文物保护单位,位于万寿街26号。传始建于宋,明景泰七年(1456)重建,清嘉庆二年(1797)改名万寿寺,咸丰间毁于兵火,后重修。现存戒台单檐硬山,面阔三间,进深十一檩。寺内原有唐经幢,毁于"文化大革命"中。

朱自清故居

121.朱自清故居

　　故居现为全国重点文物保护单位,位于安乐巷 27、29 号。朱自清(1898—1948),现代散文家、诗人、著名学者和民主战士。字佩弦,扬州人。祖籍绍兴,六岁随父定居扬州。故居系晚清建筑,坐北朝南,前后两进,占地约 700 平方米,第一进为朱家租住。1992 年大修后对外开放,2002 年对后进 29 号房东住房进行整修,并进行了陈列改造。大门东向,门堂内上悬原中共中央总书记、国家主席江泽民题写"朱自清故居"横匾。门堂北侧小院,有南向客座两间,为朱自清先生所居,室内布置保持了原貌。二门内第一进建筑为正宅,三间两厢一对照,堂屋面阔三间,进深七檩,为生活情景复原;第二进布置有"朱自清生平事迹陈列"。今为对外开放单位。

　　有楹联如下:

余冠英撰书

　　文星耀间里;高标树楷模。

壬申七月余冠英书

　　见说乡亲是苏小;为看明月住扬州。

原注:"见说"亦作"艳说"。

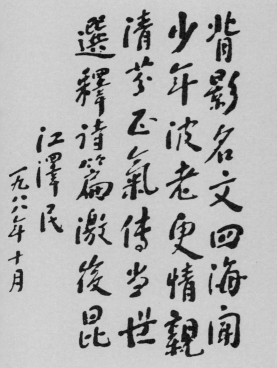

江泽民题词

朱自清卧室

122.紫竹观音庵

庵现为市级文物保护单位，位于槐树脚小井巷 5 号。晚清陈氏所筑之家庵。坐北朝南，前后三进，占地约 1260 平方米。第一进面阔七间，第二、三进面阔均为五间，东西两侧配有廊房。后院东侧和北侧各有住房三间。第三进大殿进深七檩，前廊为海棠纹卷棚，整个建筑保存完好。东为吴道台宅第，西邻朱自清故居，文物景点可连点成线，形成旅游区。

紫竹观音庵

123.吴道台府

该宅现为全国重点文物保护单位，位于泰州路西侧。吴引孙，字福茨，江苏仪征人，官至甘肃布政使署新疆巡抚。光绪十四年起出任浙江宁绍道台时，聘请浙江匠师，来扬建造住宅。整个建筑既有浙派特色，又有扬州传统建筑风貌。宅坐北朝南，原有建筑九十九间半，以火巷为界分东西两大部分，其东部有门厅、朱雀厅、凉厅、金鱼池、测海楼等五进建筑；西部住宅三进，均为面阔七间，四面皆有外廊。整个建筑高大宽敞，木结构与石础有精美雕刻。外廊转角处有悬臂樑，接点下有木雕花篮。测海楼为重檐硬山顶，面阔五间，下为"有福学堂"，原藏书二十多万卷。大门厅及西部第二进内宅，于 1966 年被毁。宅东侧原有花园，已改建。

吴道台府外景

吴道台府测海楼

124.普哈丁墓

　　该墓现为全国重点文物保护单位,位于扬州市古运河东解放桥南堍,为宋代伊斯兰教遗迹。普哈丁,传为伊斯兰教创始人穆罕默德第十六世裔孙,南宋末年来扬传播伊斯兰教,并在城内营建礼拜寺(今仙鹤寺),德祐元年(1275)卒后葬于此,故此得名。普哈丁墓园,俗称巴巴窑,又称回回堂,分为清真寺、墓区、园林区三部分,约15000平方米,建筑面积800平方米。清真寺大门面西临运河,门额有"西域先贤普哈丁之墓"。门内南侧为礼拜殿和水房,东侧岗上为墓区。院落北侧,上建砖石墓亭。墓亭平面呈方形,四壁开拱门,内为砖砌圆形穹顶,外为四角攒尖顶。墓葬位于墓亭中央地下,上置五级青石矩形墓塔,每层平面线雕牡丹花、立面浮雕缠枝花草和如意纹,第三层阳刻库法体阿拉伯文《古兰经》章节。墓东北一株700余年银杏树,虬枝纷披,姿态奇特。内附葬明、清以来有资望中阿伊斯兰教人士墓葬,另有1927年城南出土四通元代阿拉伯人墓碑移此。墓东侧为新建园林。

　　清嘉庆《重修扬州府志》卷二十七:"西域僧普哈丁墓,在大东门外,官河岸东,俗谓'回回坟'。旧志作'补好丁',询之回人,云:'当作普哈丁',乃三姓同至广陵,卒葬于此。录以俟考。"

　　《芜城怀旧录》卷三:"香阜寺在城东五台山,清圣祖南巡曾驻跸寺中。岸东有坊,曰'西域先贤普哈丁之墓'。相传西域人,以游方来广陵,卒葬于此。"

　　自唐始扬州即有阿拉伯人往来居住。杜甫《解闷》:"商胡离别下扬州,忆上西陵故驿楼。"除普哈丁墓之外,扬州尚有仙鹤寺,与杭州凤凰寺、广州怀圣寺、泉州麒麟寺齐名,并称我国南方四大清真寺院。

　　普哈丁墓为伊斯兰教文化重要遗迹,是中阿友好交往历史见证,一直受到中外穆斯林珍视。现为伊斯兰教活动、游览场所。

普哈丁墓

125.长生寺阁

阁现为市级文物保护单位,位于跃进桥北古运河东岸。原为长生寺内建筑,又名弥勒阁。平面呈八角形,砖木结构,八角攒尖顶,高约20米。内部三层,外两重檐,重檐之间有两层木构腰檐平座。阁顶铜质葫芦,底层各面均有一拱门,占地约100平方米。2002年修复,今为古运河游览线参观景点。

长生寺阁

126.畹香园

园在阙口门大街,清时侍郎江畹香所建。

《履园丛话》卷二十:"回廊曲榭,花柳池台,直可与康山争胜。中有黄鹂数个,生长其间。每三春时,宛转一声,莫不为之神往。余尝与中丞之侄元卿员外,把酒听之。未三十年,侍郎、员外叔侄,相继殂谢,此园遂属之他人。"

127.别圃

圃在阙口门内,乾隆时,大官商黄履昂所建。履昂乃容园黄履昊兄。黄氏兄弟拥巨资,曾改虹桥木构为石筑,拱洞改单拱,形如满月,枯水时节,仍露出桥下拱券条石,可见石上所刻题记。

128.黄锡安住宅

现为市级文物保护单位,位于石将军巷2、4号,宅主黄锡安,建于清末民初。黄锡安曾任四品清理财局编辑科科员、安徽候补知县。该住宅分东西两部分,坐北朝南,东部住宅水磨砖门楼,入内南边为轿房,北为正厅,东西两边有廊与正厅相连。正厅为卷棚式明三暗四厅房结构。厅后为三进,均为三间两厢。宅后小天井,北为柴房。西部前砖雕门楼,后中西合璧式平房,面阔五间,墙体青砖、红砖夹砌,拱形门、窗,窗为木制百叶窗。该建筑至今保存完好,仍为黄氏后裔居住。

黄锡安住宅

129.震旦中学礼堂

现为市级文物保护单位。1920年由法国耶稣会士山宗机在扬州创设震旦中学，建有礼堂，开始称为圣约翰伯尔各满公学，后称"扬州震旦大学预科"。1931年改称"私立震旦大学附属扬州震旦中学"，由江苏省教育厅核准立案，开办时仅有高中部。1932年后，增设初中部。1935年又采取男女分校制，1949年7月停办。今有教学楼一幢，外墙用瓷砖贴面装修。

130.明庐

现为市级文物保护单位，位于广陵路122号，建国前为扬州匏庐、汉庐、怡庐、明庐"四庐"之一。宅主姜氏，民国初营造社主人，购广陵路122号旧居，并将其改建，称"明庐"。前为住宅，均为三间两厢。后为花园。南围墙门额题"明庐"两字。厅房一座，明三暗四，西首厢房内保留圆形罩槅。厅后为一小庭院，旧为厨房。

131.休园

园在城内流水桥东，清初顺治时期，郑侠如在宋代朱氏园林故址重建。乾隆三十八年（1773），其裔孙郑庆祜辑《休园志》。

《扬州画舫录》卷八："郑侠如，字士介，号俟庵。郑氏数世同居，至是方析箸。……超宗有影园，赞可有嘉树园，士介有休园，于是兄弟以园林相竞矣。""国初辞归休园。园在流水桥畔，……宽五十亩，南向，在所居住宅后。间一街，乃为阁道，而下行如坂。坂尽而径，径尽而门，门内为'休园'。……中多文震孟、徐元文、董香光真迹。止心楼下有美人石，楼后有五百年棕榈。墨池中有蟒，来鹤台下多产药草。"

《林惠堂全集》卷一吴绮《重葺休园记》："休园者，余年伯郑士介先生所营之菀裘也。先生雅慕仲连，尚怀元亮。官原水部，不妨例作诗人；论表山栖，遂自称为处士。开蒋家之三径，未出城中；得晏子之一区，正当屋后。迎门种柳，几年手植春风；绕舍栽梅，竟岁头蒙香雪。楼中晴翠，从江上以飞来；杖底寒泉，向阶前而流出。余以潘杨之睦，曾见围棋；复缘孔李之交，频来问字。会心非远，何殊濠濮之间；适意为多，不知晋魏以后。俄而谬婴世网，久玷尘缨。鄙人既涉海而恒忧，先生遂凌云而独笑。十年

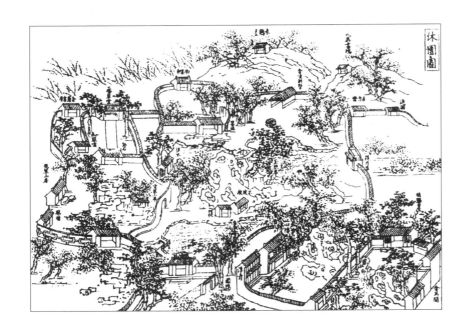

荏苒,已作鸠巢;五亩荒凉,几同马厩。慨琴亡于两世,痛箎折以数椽。而文孙懋嘉,
聿新遗构。卫家识字,重开六鹤之堂;卢氏呼名,别筑五鱼之堰。既储花而待酒,亦叠
石以移云。甘菊成田,有金英之的的;芙蓉被沼,列锦幛以重重。于是近眺唐昌,若见
玉钩之洞;远瞻隋苑,如临绮岫之宫。月有二分,还能入室;波涵九曲,拟欲流觞。则
可以坐拥书城,闲披诗卷。舞王郎之如意,气致殊豪;凭晋代之隐囊,风流自赏。园名
众乐,披襟而时过求羊;馆号忘忧,授简而频分枚马。樵山渔水,类盘谷之幽踪;修竹
茂林,兼兰亭之胜概。于以休也,洵不乐乎?而况赋拟广平,吟同茂叔,方澄怀以揽胜,
将踵事而增华也哉。夫盛必有衰,美难为继。玉山既废,不闻复有玉山;金谷云荒,岂
得更为金谷?而懋嘉心伤留研,意在肯堂。见曲水之烟云,咸为念祖;爱平泉之树石,
不以与人。匪直美乎游观,实有当于仁孝矣。爰由停车之暇,遂为濡笔而书,俾后之君
子有所观感也。"

《扬州休园志》卷一载宋和《三修休园记》:"园曰休,地曰扬州流水桥,氏曰郑。
扬为南北之交,人文舟车之所必由也。郑氏世为文盟主,凡名流之著者,莫不来集于斯
园。自郑氏之有此园,历四世,故其林木皆岁寒而不凋,石路踏莓苔而日厚,亦名园之
最古者也。此园为朱氏旧址,自今主人之曾大父水部公有而更新之,名之曰'休'。宽
五十亩,南向,在所居后间一街,乃为阁道,遥属于园东偏,虽游者亦不知越市以过也。
阁道尽而下行如坂,坂尽而径,径尽而门,门而东行,有堂南向者,'语石'也。堂处西偏,
而其胜多在东偏。然是园之所以胜,则在于随径窈窕,因山行水。堂之东有山障绝,伏

行其泉于墨池。山势不突起,山麓有楼曰'空翠'。山趾多窍穴,即泉源之所行也。楼东北则为墨池,门联董华亭书,屏王孟津书。阁右有居曰'樵水'者,亦墨池之所注也。池之水既有伏行,复有溪行,而沙渚蒲稗亦淡泊水乡之趣矣。溪之南皆高山大陵,中有峰,峻而不绝,其顶可十人坐。稍下于顶,有亭曰'玉照'。然江南诸山,坐亭则不见,坐顶则见,以隐于林木也。

"此园一葺于其曾大父水部公,再葺于其父比部公,三葺于今主人。主人字荆璞,幼而孤,性而好学,虽曰新其园亭,亦肯其堂构之志也。园既新,板舆其祖母太夫人游之。而太夫人春秋高,历三世,代有其人,而园代新之。以视夫百年之树,代谢不一家;崇高之台,转盼为陈迹。或局于城邑而不能旷然林泉,安于固陋而不游艺苑,而太夫人后人之贤何如哉?此园雨行则廊,晴则径。其长廊由门曲折而属乎东,其极北而东则为'来鹤台',望远如出塞而孤。此亦如画法,不余其旷则不幽,不行其疏则不密,不见其朴则不文也。此园占地既广,山水断续,由来鹤台之西而南,屋于池北,如舟芦荚,水鸟泊之。自是而西,又廊行也,则为墨池之北,沃壤而多树。放翁有句云:'北向开门倒看松。'辟墨池阁北窗而背视之如此。"

132.丁绳武住宅

现为市级文物保护单位,位于广陵路 128 号,为民国时扬州律师丁绳武(光祖)所建。现存建筑前后三进,第一进为砖雕门楼和门厅,门楼后过道有土地祠。第二、三进为住宅,均为三间两厢。该建筑保存较好,今仍为丁氏后裔居住。

丁绳武住宅

133.大芝麻巷民居群

现为市级文物保护单位,民居群位于大芝麻巷18、20、34、36、36-1号,清末民初建筑。该民居群以36号为中心,东侧为34号之一,西侧为36号之一,坐北朝南。

18号民居,民国初期建筑。住宅坐北朝南,前后两进,三间两厢对合式住宅,中以天井相连。此宅结构完好,木槅门、窗保持原样。

20号民居,清代建筑。水磨砖雕门楼,两开间门厅。入内,北侧原有花厅三间,现已改建;西首二道门,进门为小过厅,中间为天井,北有住宅四进,均为三间两厢。该建筑内部结构及槅扇门、窗,均保存较好。

36号民居,前为照壁,上有砖雕"鸿禧"二字,住宅前后四进。第一进为门厅,面阔三间,入内中为天井,三面回廊。第二进为大厅,面阔三间,前置卷棚。第三、四进为三间两厢住宅,中以天井相连。

34号之一民居,前后三进。第一进书房三间,东侧为厢房(龙梢)。第二、三进为三间两厢式住宅。

36号之一民居,前后三进,第一进为三间客房,第二、三进为三间一厢式住宅。

36号民居照壁,已改建为民居住宅后檐墙。该民居群保存完好,仍为居民住用。

大芝麻巷民居群

134.张联桂住宅

现为市级文物保护单位,位于广陵路218号、木香巷5号。张联桂(1838—1897),字丹叔,江都人。清光绪年间任广西巡抚。住宅有大厅,硬山顶,面阔五间,进深七檩,前有卷棚。原由天主教三自爱国会所用,现用作宿舍,应加以控制保护。

张联桂住宅

135.蒋氏住宅

建于清末民初,位于风箱巷2号,现为市级文物保护单位。东临皮市街,西邻市保单位"蔚圃"。门楼砖石结构,面阔三间,水磨砖保存完好。住宅分东、中、西三路。东路住宅前后三进,三间两厢;中路建筑前后五进,第一、二进为对合式大厅,三、四、五进均为三间两厢。西路,南部原为花园,今改建;北有大厅三间。

蒋氏住宅

136.梅花书院

现为省级文物保护单位,位于广陵路248号。原在广储门外,为明嘉靖间湛公书院故址,万历间改崇雅书院,崇祯间废;清雍正间重建后改今名,咸丰三年毁于兵火。1868年于今址重建。

梅花书院因在梅花岭旁而得名。《增修甘泉县志》:"梅花书院,郡人马曰琯重建。乾隆四年(1739),定诸生膏火在运库支给。八年,并附安定书院。四十二年,曰琯子振伯呈请归公,运使朱孝纯谕商捐修,创立号舍,更新其制。"又云:"梅花书院见前志,咸丰三年(1853)粤匪窜扬,夷为平地。同治五年(1866),建于东关街疏理道巷口官房。七年,移建于左卫街,入官,民房原地改为安定书院开课。原委生童额数,并与安定书院同。从前孝廉堂会课,本附梅花书院,今仍附入。十二年,增定正课十五名,附课十五名,随课无定额。因未延山长,每月无馆课,小课仍随生监附考。每遇会试,停课五月,预给膏火。考课之法,亦如生监例。"

《扬州画舫录》卷三:"扬州郡城自明以来,府东有资政书院,府西门内有维扬书院,及是地之甘泉山书院。国朝三元坊有安定书院,北桥有敬亭书院,北门外有虹桥书

梅花书院大门   梅花书院长廊

院,广储门外有梅花书院。"又云:"刘重选建梅花书院,亲为校士,而无掌院。迨刘公后,归之有司,皆属官课。朱公修复,乃与安定同例,均归盐务延师掌院矣。"

《扬州览胜录》卷六:"梅花书院故址,在广储门外梅花岭侧,初名甘泉书院,后改崇雅书院。雍正末,刘公重选倡教造士,邑绅士马曰琯重建堂宇,名曰'梅花书院'。迨刘公后,归之有司,皆属官课,主讲席者自桐城姚先生鼐始。姚先生乾隆癸未翰林,与方望溪先生先后为桐城派古文宗祖,风规雅俊,奖诱后学,四方肄业之士赖以成名者甚众。咸丰间,毁于洪杨之乱。同治五年,移东关街疏理道巷口。七年移建左卫街官房,而以疏理道巷口屋舍为安定书院。自光绪末年,停罢科举,而书院亦废,其屋舍今改为省立实验小学校。"

现存大厅、楼房两幢及东部长廊。占地约1056平方米。大厅系楠木梁架,硬山造,面阔三间,进深七檩。前殿有卷棚,厅前有抄手廊相接。东侧门上嵌有清书法家吴让之书"梅花书院"石额。1990年全面大修,重建砖雕门楼。

137.蔚圃

　　该圃现为省级文物保护单位,位于风箱巷6号。建于民国初,系扬州造园名家余继之设计,占地400余平方米。园北有南向花厅三间,厅前两侧有短廊,东廊与后面两进住宅相通,西廊向南与水阁相接,阁下为一水池,沿院南墙叠湖石山子与花坛,庭院中缀以峰石辅之,假山紫藤覆盖,并植有松柏、女贞。

蔚　圃

138.裕园

园原在左卫街北。据《扬州园林品赏录》,先为夏氏山林,后转为湖北荆宜道蔡露卿家园。蔡露卿,即蔡易庵之父。易庵名巨川,为陈重庆岳父。

陈氏有《过夏氏裕园诗》,序曰:"昔年老人题裕园观荷诗,书画廊壁间,以示吾妹。其时鹭门丈,才自蜀归,家门正全盛也。今日到巨川婿处,偕其伉俪,坐荷边烹茗,闲话极乐。因步文恪韵,作二绝句示之。"诗云:

锦城归棹花如锦,镜槛觞荷不记年。今日携雏花献寿,八旬襁褓懒神仙。

一片红云拨不开,强扶鸠杖渡桥来。风裳乱舞霞标起,犹似数帆楼下来。

杨氏小筑

139.杨氏小筑

宅园现为市级文保单位,位于风箱巷22号。原系民国地方杨姓绅士宅园,为扬州造园名家余继之设计。园内以花墙分隔空间,北院有南向书斋二间;南院东叠假山,下凿水池,西南隅筑半亭,向北有短廊与书斋相接。陈从周先生认为杨氏小筑"格局具备,前后分隔得宜,咫尺的面积,能无局促之感,反觉多左右顾盼生景的妙处"。该园为扬州小型住宅园林杰出代表。

140.刘庄

现为市级文物保护单位,位于广陵路,清光绪时建造,原名"陇西后圃"。后归大盐商刘氏,"鸠工修理"后,改名"刘庄"。陈从周先生认为"湖石壁岩,尤为这园的精华"。

徐镛《刘庄记》:"是园昔系陇西后圃,今为吴兴刘氏旅扬别墅。台榭轩昂,树石幽古,颇极曲廊邃室之妙。庭前白皮松株,盘根错节,皆非近代所有。窃忆光绪中叶,余曾游扬

刘 庄

府幂,凤耳是园名胜,惜以公牍劳形,不获涉足为憾。庚申之冬,余受刘氏聘任,来扬管理醝务,寓斯园中。以是昔之心向往之者,今得晏安其中矣,乃悟天意、人事之巧合,殆佛家所谓因果也欤! 惜园屋年久失修,势将坍塌,今春特鸠工修葺一新,并自涂书画,聊资补壁,爰题名之曰'刘庄',藉壮观瞻,以志区别,而为之记。"

141.林氏住宅

为清末民初民居,位于石牌楼 24 号,现为市级文物保护单位。水磨砖雕大门,住宅坐北朝南,前后四进。进门有一小门厅,西首为二道门,南有北向门厅三间,中为天井,北为花厅,面阔三间。厅西,客厅一间。第三、四进为对合式明三暗四住宅。

142.双桐书屋

园在左卫街,清乾隆时张琴溪在原王氏园林旧址扩建而成。

《履园丛话》卷二十:"双桐书屋,在左卫街。园门北向,进门右转,有竹径一条。由竹径而入,小亭翼然。亭中四望,则修桐百尺,清水一池,曲径长廊,奇花异卉,真城市中山林也。余于嘉庆初,始至扬州。园主人张丈琴溪,辄来相招,极一时文酒之乐。今垂三十余年,则亭台萧瑟,草木荒芜矣!岂园之兴废,亦有数欤?"

双桐书屋

143.广陵路 250 号民居

位于广陵路 250 号,现为市级文物保护单位。晚清民居厅房,民国年间为国民党中央银行行址。厅坐北朝南,厅前两侧有廊与照厅相接,硬山造,楠木梁架,面阔三间,前有卷棚,梁架保存完好。现为银行使用。

144.广陵路 252 号民居

位于广陵路 252 号,现为市级文物保护单位。晚清时民居,民国时曾为国民党交通银行行址。厅坐北朝南,硬山顶,楠木梁柱,前后皆有卷棚,面阔三间,进深七檩,厅南两侧有抄手廊相接,厅北存住宅楼等建筑。现为粮食部门使用。

145.李清波住宅

现为市级文物保护单位,位于石牌楼 14、16号,为清代李清波住宅。大门面东,砖雕水磨门楼。住宅坐北朝南,分南北两部分。北侧,进门为一庭院,西有东向二道门。进门又为庭院,三面回廊,正厅三间。厅后为二层楼屋,面阔六间。南侧,大门面东,门厅已改造成住宅。进门,西有东向二道门,住宅前后三进。第一、二进为明三暗四对合式住宅,天井西有客厅一间;第三进为三间两厢住宅。

李清波住宅

146.汉庐

现为市级文物保护单位,位于石牌楼 7 号,原为清朝盐商许公澍住宅,道光年间金石书画家吴熙载、现代扬州书法家陈含光及牙雕家黄汉侯先后曾居此。汉庐占地面积 1069.23 平方米,房屋三十一间五厢,建筑面积 807.01 平方米。住宅由火巷分为东西两路,南北向前后各三进。大门在西路北向,连门堂一排三间,青石板庭院中有福祠。左折磨砖对缝二门,对开实拼,门旁列石鼓一对。门上砖雕雀替,其上匾墙嵌磨砖斜角景,屋檐下砌磨砖三飞式。其旁檐口下为磨砖抛方。二门南侧有门通火巷,火巷巷道青石板铺墁,条砖勾缝墙面。

东路,民国十九年(1930)陈含光租赁使用。入西二门,门廊前小天井青石板铺墁,朝北客座一间,朝南书舍一间,为陈含光画室。木雕灯笼景式和合窗槅扇上下分三档,中嵌玻璃,下置木裙板,对开木雕槅扇玻璃门,至今依然尚存,虽已陈旧,仍不失古朴典雅。天井东第一进与第二进对合七架梁六间房屋,两侧置厢廊,青石板天井、槅扇、窗槅、木隔板、木板地、方砖地面装修俱全。东厢廊有耳门通东小天井,内有楼,上下各一间,楼上前置木栏杆晒台。第三进七架梁楼上下住宅六间,西首接下房一间,东首接朝南、朝北厨房各一间,中夹小天井一方,水井一口。

汉 庐

西路，门堂南第二进与第三进为规整明三暗五四厢对合组成一颗印式房屋。正屋与侧坐相对而构，单檐硬山式。正屋通面阔16.5米，进深7.82米，杉木梁架，室内上置天花板，堂屋方砖地面，木槅板，卧室木地板，玻璃槅扇、窗槅、窗下槛墙。西稍间与西厢房之间置木雕月门罩格，牙刻家黄汉侯常居此立案创作。天井宽敞，铺青石板地墁，植苍劲黄杨树一株，枝繁叶茂。

陈从周称汉庐为"扬州北向住宅一例"。

147.邱氏园

该园现为市级文物保护单位，位于广陵路292号。民国初年染料商邱天一建。有大厅、二厅及住宅楼计四进。坐北朝南，占地2000平方米，大厅硬山顶，前带卷棚，面阔三间，进深七檩，原西部花园毁于1966年。广陵路至南河下为盐商集中住宅群历史文化街区，应妥善加以保护。

邱氏园

148.陈氏住宅

现为市级文物保护单位，位于广陵路306号，为清末民初木行业陈氏商人所建。住宅分东、西两部分。东路住宅，前后两进，第一进明三暗四住宅，东、西有厢房；第二进为三间两厢式住宅。西路住宅，前后为三进。前二进为对合式三间一厢住宅，中有天井相连；第三进为花厅，面阔三间，进深七檩，前后置卷棚，明间一木雕镂空仕女罩格，梁架上有雕花。厅前小庭园以鹅卵石和小瓦铺地，组成"团寿"字图案。整个建筑布局有序、合理，天井、庭园、花厅、住宅甚为协调而有机结合。

陈氏住宅

春风阆苑三千客

明月扬州第一楼

古城南（东）

金宝芝住宅

王万青住宅

厂盐会馆

149.金宝芝住宅

现为市级文物保护单位,位于苏唱街 17 号,扬州老字号"扬州浴室"创始人金宝芝家园。住宅由东西两座楼房和花厅组成,东楼为二层小楼,面阔四间,传统风格。西楼为二层西式小洋楼风格,面阔三间,青砖木构结构,水磨石地面,顶为平顶,上置小歇山。花厅位于西楼南,面阔三间,天井内有一口水井,方形青石井栏,砖砌束腰井壁。

150.王万青住宅

清著名扬州清曲名家王万青住宅位于大羊肉巷 4 号。王万清 11 岁随父王弼成习昆曲,3 年后改学扬州清曲,在艺术实践中,融汇众家之长,形成王派风格。晚年悉心总结近代清曲名家及其自身演唱经验,著有《扬州清曲唱念艺术经验》和《扬州语音》,刊于《扬州戏曲》。该住宅坐北朝南,前后二厅,均为面阔三间两厢,保存基本完好。现为市级文物保护单位。

151.厂盐会馆

淮南厂盐会馆门楼,现为市级文物保护单位,位于新大源(新仓巷)62 号。

152.周扶九住宅

　　现为省级文物保护单位,位于青莲巷19号,系扬州盐商周扶九宅第。坐北朝南,大门砖雕门楼。住宅分中式、西式两部分。中式住宅,偏西为平房及宅园;东为对合楼二进,两侧有楼廊相连,呈四合院串楼,楼单檐硬山顶,面阔五间,两楼进深皆为7米。火巷以东另有西式楼两幢。偏西建筑及宅园已于1979年改建。结合历史文化街区进行整修,与小盘谷等文物景点连结成片。

周扶九住宅

153.金鱼巷26号王氏民居

　　现为市级文物保护单位,位于金鱼巷26号,建于清代晚期。该建筑东西两条轴线,西轴线前后四进,第一进为门厅,门厅向北为三开间大花厅(客厅),客厅为卷棚式建筑,客厅后为天井与正房相连,正房为三间两厢式民居建筑,正房后为一小庭院,小庭院北端有坐北朝南三开间书房。书房为台门式建筑,朝南一排上推式窗户,设计精致、大方,开启方便,落下无痕迹,独具匠心。东轴线与西轴线基本一致,有腰门相通,并列而成。该建筑为扬州前宅后院式民居典型代表。

祇陀林

154.祇陀林

尼姑庵祇陀林门楼,现为市级文物保护单位,位于南河下 84 号。

《芜城怀旧录》补录:"孙阆仙,法名朗潜,徐宝山箧室。聪慧过人,善操琴,喜画梅,有石刻嵌徐园壁间。徐任第二军军长时,扬州知名之士如吴次皋、吉亮工、吴召封、孔剑秋等罗致幕中,均其卓见。初,项城久有帝王思想,以徐镇江淮,不无疑忌,信使往还,意徐劝进。孙晓徐以大义,阴阻之,徐卒遇害。自是孙乃虔诚礼佛,闭户十数年,参阅经典,于《楞严》《华严》诸大乘尤多领悟。宗仰禅师(初名乌目山僧,与梁启超同时)目为大智慧者,诸山长老咸悦服。徐被害后,悉以所藏古玩变值,修瓜洲河堤三十里;筑瘦西湖长堤春柳段,植垂柳数百株;建徐公祠于梅花岭畔。引市街徐殉难宅,改建祇陀精舍,为讽经之所。更以有余周济贫乏;每岁暮,扬城寒畯之无以卒岁者,均馈赠之。卅六年三月廿六日病卒。"

155.方尔咸住宅

住宅现为市级文物保护单位,位于引市街33 号。原系晚清方尔咸住宅。门楼上部雕凤凰,中雕梅花、荷花、菊花、牡丹,下雕福、禄、寿三星人物。两边有磨砖砌八字墙,现墙上各开一小门,图案于"文革"中为泥灰覆盖。

方尔咸住宅

絜园

絜园屋顶砖雕

156.絜园(魏源旧居)

现为市级文物保护单位,位于新仓巷37号,建于清道光十五年(1835)。魏源(1794—1857),原名远达,字默深,又字墨生、良图,晚年自取法号承贯,湖南邵阳(今属隆回县)人,长期寓居扬州。清道光二十五年(1845)中进士。曾任兴化知县、高邮知州。道光十五年(1835)购置房屋改建,名"絜园"。占地面积2617平方米,南为花园,北为住宅。花园有荷花池、鱼池,池中架白石桥,周围有湖石、黄石假山、石桌、石凳和古井及竹木花草。东沿壁置曲廊,南构书舍斗室,西有船厅、北有花厅。坐北朝南,分东、西二路。大门朝东,门对照壁,依稀可辨。八字形磨砖对缝大门楼。东路北首有小三间两厢住宅楼一幢,后有天井,前有庭院,植蜡梅、枇杷、柿树。庭院南有厨房、柴房、天井,再南连门房,西有火巷一道。中路房屋规整,朝东磨砖二门,青石板天井一方,坐北朝南正厅三间,左右各有套房,中夹小天井一方。厅前和厅东西两侧置回廊,厅天井前南首花厅,正厅前、后置木雕槅扇,方砖地面,厅北穿狭长天井入厦披屋三间,出腰门至后庭院。庭院内坐北朝南住宅五间两厢,宅北后小院一方,宅前东西置廊,廊有门各通东西两路房屋。穿西廊入西路庭院。院内植桂树,东置花坛,朝南抱厦式客厅,厅后住宅三间、二次间前各有小天井一方,北向各有房一间。抱厦南披屋上山尖遗存局部深浮雕砖雕依稀可辨。朝南玻璃槅扇,东、西遗存灯笼景窗槅扇,厅内方砖地面,厅南船厅三楹,通南花园。

现存西路抱厦厅房一组,磨砖门楼残壁及散落少许山石,其余尽毁。

有楹联如下:

门联

才堪救世方英杰;学可垂人始圣贤。

大厅

读古人书求修身道;友天下士谋救时方。

书斋

学贵运时策;友交立德人。

事以利人皆德业;言能益世即文章。

功名待寄凌烟阁;忧乐常存报国心。

古微轩

温饱求民隐;读书发古微。

云轩居

读万卷书贵能用;树千秋德莫如滋。

古藤书屋

读万卷书求圣道;行千里路得民情。

秋实轩

眼明写正群经字;脚健穿残万岭云。

157.庾园

该园在南河下,为江西大盐商建以觞客之所。园基不大,点缀精妍。园中花木亭台,山石水池,各擅其胜。

《扬州览胜录》卷六称其"颇有庾信小园遗意",并记:"园南故有歌楼一座,每年正月二十六日为许真人圣诞,醝商张灯演剧,以答神庥。座上客为之满。"

158.廖可亭住宅

现为省级文物保护单位,位于南河下118号,为清末盐商廖可亭住宅。占地约2000平方米。住宅分东西两轴,东轴有二门厅、大厅、住宅楼计五进。大厅楠木结构,

廖可亭住宅

面阔五间,进深七檩,前有卷棚,东西有廊与门厅相接,西轴有船厅、花厅、住宅楼等计四进,除大门厅及北部花园已毁外,整个住宅基本完整。为大型盐商住宅,可结合南河下历史文化街区进行整修。

另廖可亭住宅东部民居,现为市级文物保护单位,位于南河下118号。清代民居厅房,南向硬山造。面阔五间,进深七檩,厅前有卷棚,大小柁梁两端均有卷杀,前有抄手廊环抱,保存基本完好。现为机电设备公司仓库。

159.南河下88号徐氏住宅

现为市级文物保护单位,位于南河下88号。清代建筑。楼坐北朝南,硬山顶,上下二层,楠木梁架,面阔五间,进深七檩。楼南东西两侧有楼廊相接。底层天花及楼栏杆均系楠木构筑。今作宿舍,可结合南河下历史文化街区进行整治。

南河下88号徐氏住宅

160.棣园

现为市级文物保护单位,位于南河下26号723所内。始建于明代。清初,归程汉瞻所有,名"小方壶"。乾隆时,转归黄阆峰,改名"驻春园"。后归洪钤庵,又名"小盘洲"。1844年归包松溪,改名"棣园"。同治年间,归李昭寿。光绪初年,湖南盐商购为"湖南会馆",又名湘园。民国期间,年久失修。1978年拆古戏台,木架结构等物件保存于扬州市博物馆,水池、假山掩埋地下。

1843年江苏达官梁章钜再游扬州时,居与棣园为邻,并在《浪迹丛谈》卷二中说:"扬城中园林之美,甲于南中,近多芜废。惟南河下包氏棣园,为最完好。……今属包氏,改称棣园,与余所居支氏宅,仅一墙之隔。园主人包松溪运同(盐务官职,运司同知简称),风雅宜人,见余如旧相识,屡招余饮园中。尝以棣园图属题,卷中名作如林,皆和刘澄斋先生锡五原韵。……园中有二鹤,适生一鹤雏,逾月遂大如老鹤。余为匾其前轩曰'育鹤'。"

包良训《棣园十六景图自记》:"园自国初程汉瞻始筑,号'小方壶',载《画舫录》;继归黄觐旂中翰,为'驻春园';后归洪钤庵殿撰,名'小盘洲';又转入某家,未几,复不能有。以道光甲辰岁,求售于余。自审不足继诸名公后为此园主,顾念太夫人春秋高,旧居湫隘,晨夕无以为娱。又园之前有屋数十楹,余先购以为宅,喜园之适与宅邻,可合而一也,因遂购之。于是,花晨月夕,奉板舆,列长筵,庶有以承一日之欢也。

"夫邗上之名园,近代若大小洪园、江之康山、马之小玲珑,盛衰兴废,可慨良多,而复不自量以汲汲营此园耶?曰:凡夫人之境皆适有之,既适有之,则相与乐之。矧我太

棣园图石刻拓本

（清）梁章钜书棣园选图真迹

夫人春秋日高,而气体和顺,精神茂悦,扶花拂柳,听鸟观鱼,挈妇弄孙,婆娑以嬉,此园亦有为功者。复进小子而命之曰:以汝早孤,鲜兄弟,弗竟于学,然媕陋弗可为也。我闻昔之称贤母者,皆教子以延接魁硕英俊,以广学识而成德业。今幸有此园,堂可以筵,室可以馆,斋可以诵,台可以望,池沼亭榭可以陟而游。有其地矣,当思所以无负此居诸为也。小子于是退而益求交于四方之贤士大夫,而惧其鄙弃也。将之以诚,申之以敬,奉老成以典型,异良朋之磨琢。窃以为:文字者,性命之契;诗歌者,讽咏所资。于是以园奉诸君子游,藉游以求诸君子之诗若文。既获诸君子之诗若文,诸君子不常萃此园,或不必身至园,而如常身在此园,小子得朝夕从游,洗蒙昧而涤灵明也,则太夫人之所以教小子者,此园之为功也益大。既已功之,益思有以传之。于是有图之作,先为长卷,合写全图之景,有诗有文。而客子游我园者,以为图之景,合之诚为大观,而画者与题者以园之广,堂榭、亭台、池沼之稠错,花卉、鱼鸟之点缀,或未能尽离合之美,穷纤屑之工也。于是相与循陟高下,俯仰阴阳,十步换影,四时异候,更析为分景之图十有六。幸诸君不鄙弃,得以交日广。扬又为四方贤士大夫游览必至之地,咸许过我园观我图,而锡我以诗若文,是二册复衷然成帙。盖溯作图之日,于兹又三年矣。今年异常,水潦灌浸,前门及础一尺。园顾高,皆由以出入。潦退霜高,木亦黄落,秋气感人。重览是册,深念有此园之不易,即为此图,以有此诗若文,固皆赖太夫人之教,得以不鄙弃于君子。'夙兴夜寐,无忝尔所生''循彼南陔,言采其兰',于是更颂《诗》而俯仰增惕也。是为记。"

《扬州览胜录》卷六:"棣园在南河下湖南会馆内。扬城园林,清初为极盛时代,嘉道以后渐渐荒芜,惟棣园最古,建造最精,至今完好如故。清初属陈(程)氏,号小方壶;继归黄中翰,改名驻春园;后归洪钤庵殿撰,名小盘窠,一名小盘洲,见梁章钜《浪迹丛谈》。嘉道间属包氏,改称棣园。'棣园'石刻二字,阮文达公元书。园主人包松溪绘有棣园图,海内名人题咏殆遍。当时福州梁中丞章钜侨居邗上,所居支氏宅与园仅隔一墙,以故主人屡招中丞饮,并属题图。当时主人育鹤二,适生一鹤雏,主人筑育鹤轩,中丞为题额。园中亭台楼阁,装点玲珑,超然有出尘之致,宛如蓬壶方丈,海外瀛洲,洵为城市仙境。光绪初,湘省鹾商购为湖南会馆。湘乡曾文正公督两江时,阅兵扬州,驻节园内。园西故有歌台,一日,鹾商开樽演剧,为文正寿,台中悬有一联曰:'后舞前歌,此邦三至;出将入相,当代一人。'文正阅竟,掀髯一笑。盖江阴何太史廉舫手笔也。至今传为佳话。"

有联句一副:

何栻撰书

后舞前歌,此邦三至;出将入相,当代一人。

161.平园

　　现为市级文物保护单位,位于市区南河下 723 所内。盐商周静臣所建。占地 3447 平方米,大门南向,系砖刻门楼。园在住宅西偏,园门东向,上有楷书"平园"石额。园内以花墙分隔为南北两院落,花墙正中开月门,上有石额,南题"惕息",北题"小苑风和";南院中有三百年广玉兰两株,北院中有南向花厅 5 间,厅内置楠木槅扇,装修精致。

平园门景

平园墙饰

162.丁家湾1号贾氏宅(同福祥盐号)

　　现为市级文物保护单位,位于丁家湾1号。曾为盐商贾颂平所开"同福祥盐号"用房。坐西朝东,硬山顶,面阔三间,进深七檩。大柁梁呈方形,二柁梁呈圆形。现为民居。

贾氏宅

贾氏宅火巷

岭南会馆大门

163.岭南会馆

　　现为省级文物保护单位,位于新仓巷4-3号。始建于清同治八年(1869),为卢、梁、邓、蔡姓盐商集资修建,光绪九年(1883)又增建。坐北朝南,东西两条轴线,东轴线上前有照壁,大门为砖雕牌坊门楼,入内有照厅、大厅、住宅楼。大厅为硬山顶,楠木梁柱,屋顶置双层椽旺,面阔三间,进深七檩,前有卷棚。厅前天井内东西墙壁嵌有《建立会馆碑记》等石碑四通。大厅1999年倒塌,2003年修复。东轴线建筑为学校使用,西轴线建筑用作居民住宅。

164.滚龙井

　　清代水井,位于丁家湾龙井巷口。《扬州画舫录》卷九所载"……路西为井厅,通厨子庵,中有泉清洌",此即为今滚龙井原址。井上原架木棚,装滚筒,井绳两头系桶,交替汲水。今木棚架已拆除,井壁青砖砌筑,青石井栏,保存完好,现为市级文物保护单位,为居民生活用井。

滚龙井

四岸公所门楼

165.四岸公所

公所现为市级文物保护单位,位于广陵路广陵中心小学内。清朝四岸公所为湘、鄂、赣、皖四省盐务协调机构。楠木厅坐北朝南,楠木梁架,硬山顶,面阔三间,进深七檩,带卷棚,大结构未动,装修已改。另丁家湾临街存四岸公所水磨砖雕门楼一座,两边有吊脚笋底砖八字墙,顶部盖瓦破损,砖雕纹饰"文革"期间用石灰涂抹覆盖。可结合历史文化街区整治进行修缮,与小盘谷、二分明月楼等文物景点连结成片。

166.大武城巷1号贾氏宅

　　现为全国重点文物保护单位,位于大武城巷1号。系清光绪年间盐商贾颂平所建,占地2178平方米,大门东向,坐北朝南,分东西两轴线,西部前后五进。大厅硬山顶,面阔三间,进深七檩。第二进为楼屋,有廊与厅相连,其后皆为平房。东部四进为花厅、楼屋;厅房每进小庭院,有花坛或池石为小景,陈从周先生认为此乃贾宅设计的精妙所在,"每一厅皆有庭院……环以游廊,映以疏栊,多清新之意"。宅西原为园林部分,今废。北为二分明月楼,占地1050平方米。园北有南向七楹长楼,上有钱泳题"二分明月楼"横匾。楼檐下置美人靠,可凭栏赏月;楼东有黄石假山一座,由此可拾级登园东楼阁,阁西向三间。园西南有楼阁三间。园中原有四面厅,1959年移瘦西湖上。1991年大修,在园中凿池,建扇面亭。现为开放单位。贾氏盐商住宅创业人为贾颂平父亲贾斌臣,贾斌臣生五子,平为长。

贾氏宅

167.二分明月楼

二分明月楼在扬州广陵路 263 号狭巷内,为清代员氏所建。光绪年间,转归盐商贾颂平。1962 年 5 月被列为市级文物保护单位,1991 年重新修缮。全园的布局,中间为山水,四周为楼廊。

园北主楼开间七楹,为员氏原建,明间上悬清代钱泳所题"二分明月楼"匾额。其楹联取元赵子昂"春风阆苑三千客,明月扬州第一楼"之意。园中一池清潭,四周散点黄石,池北小桥,栏杆半月形。池南建扇页形水榭,墙上空窗形如弯月。园东叠黄石假山,嶙峋峭拔,上有磴道,拾级可登"夕照阁",阁西向,面阔三楹,与主楼相呼应。黄石假山出洞口有月牙门,门南曲水流觞,西为"月牙池",池南有井一口,井栏石上刻"道光七年杏月员置"数字,当是员氏旧物。园西有亭,亭廊相连,蜿蜒跌宕,顺廊建两层楼阁,与东阁相望。

三处楹联,实录如下:

二分明月楼·赵孟𬱟·今人重书

　　春风阆苑三千客;明月扬州第一楼。

伴月亭·阮衍云书匾、联

　　留云笼竹叶;邀月伴梅花。

菱形屋·刘柏龄集句书

　　荷风送香气;(孟浩然)松月生夜凉。(孟浩然)

二分明月楼雪景

236

二分明月桥

日月门窗

168.许蓉楫住宅

许蓉楫住宅

住宅位于丁家湾88、90、92、94、96、98、100号,宅主许蓉楫,建于清代晚期。许蓉楫(1865—1932),字云甫,祖籍安徽歙县许村。光绪年间在扬州开设"谦益永盐号"。民国初年任扬州食商公会会长,乐善好施,曾开设"朱济堂"药铺、粥厂济民,并捐资修桥等。其孙许国平,原在美国马里兰大学工作,后偕夫人蒋丽金同钱学森等一起回国,致力于科学研究事业,分别担任中国工程院院士、中国科学院院士。

住宅坐北朝南,占地面积约3000平方米。建筑东西并列五路,第一路前为磨砖门楼、福祠,后为三进住宅。第二路为花厅、客座以及杂房。第三路前后五进,前三进均为厅房,四、五进为三间两厢二层楼房。第四路前后三进,首进厅房,其余两进均为三间两厢二层楼房。第五路前后五进,首进平房,面阔四间,第二进为卷棚厅房,其余均为三间两厢二层楼房并置外廊。

该建筑群规模较大,保存较为完整,被列为市级文物保护单位。

169.小盘谷

小盘谷庭院

园在丁家湾大树巷58号,原为两淮盐运使徐仁山宅园,后为清两江总督周馥家园,现为全国重点文物保护单位。占地约5000平方米。园在宅东,由回廊花墙分隔为东西两部,南有假山一组,北有曲尺花厅三间,三面有廊,厅南院中有湖石山一组,间植林木花卉。厅后为一广池,有廊道与池西水阁相接;阁三面临水,与池东湖石盘谷山峰遥遥相对,池东岸山峦起伏,一峰突起,湖石嶙峋,形似群狮,有"九狮图山"之称。著名园林专家陈从周教授在《扬州园林》一书中,对小盘谷假山作如下评价:"山拔地峥嵘,名九狮图山,峰高约九米余……园以湖石胜,石为狮九,有玲珑夭矫之概。……迭山技术尤佳,足以与苏州环秀山庄抗衡,显然出于名匠之手……"

赵朴初《游扬州周氏故园》:

　　竹西佳处石能言,听诉沧桑近百年。巧叠峰峦迷造化,妙添廊槛乱云烟。

刘梅先《扬州杂咏》:

　　城南幽筑小盘谷,三世清芬石研斋。室有藏书勤校刻,至今绣梓重江淮。

桃门

花窗

水流云在

风亭

小盘谷假山

170.张亮基故居

现为市级文物保护单位,位于丁家湾 20 号,为清咸丰年间湖广、云贵总督张亮基家宅。原有建筑七进,现仅存门楼、正厅、附房。门楼整体砌筑十分讲究,门墙、门垛、门樘以及门樘两侧内壁腮墙皆用磨砖清水砌筑到顶,是扬州少见清式金柱式门楼。正厅面阔三间,进深七檩,保存有清咸丰帝赐匾三块。今仍为张氏后裔住用。

171.篆园

园在流芳巷口,黄春谷(1771—1842)就濠梁小筑旧址所改建。

《芜城怀旧录》卷二:刘恭甫《师蕴斋诗序》云:"乾嘉之间,黄春谷中宪称诗于扬州,时蕴生梅先生、熙载吴先生、西御王先生、句生王先生,以后进之礼事之,尝与篆园文酒之会,世所称黄门四君子者也。"

172.卞宝第故居(小松隐阁)

现为市级文物保护单位,位于广陵路 219 号。卞宝第(1824—1893),字颂臣,号娱园,仪征籍,世居扬州,清咸丰辛亥(1851)兵兴,曾先后任刑部主事、郎中、御史、府尹,直至闽、浙巡抚,湖广、闽浙总督等职。住宅北面抵广陵路,南面通过丁家湾 86 号。现占地面积约 3000 平方米,建筑面积约 1000 平方米。现存二层楼房三进,面阔五间,楼与楼之间旁置厢楼互连相串。第三进楼房,上世纪 90 年代遭火烧残。另有半亭一座,水井一口。现存建筑平面布局,前后三进楼宅呈"日"字形格局。

小松隐阁,为卞宝第家花园。扬州金石书画家汪研

张亮基故居

山在《小松隐阁雅集图》有题跋曰："光绪十年六月十四日，耕岩仁兄大人招同人之工画者廿人，其游而未至者，三数人而已。于是日合作大横幅，写瓶几花卉之属，余都二册，听尽其长而已。鋆此册，则其一云。鋆识。"

陈重庆《默斋诗稿》卷十一有《于其园补消寒之会》诗云：

> 兹园吾熟游，酩酊千百场。岂期四十载，重宴绿野堂。
>
> 外舅乞养归，王母欢谟觞。两世秉节旄，门阀忘金张。
>
> 屏后甃方池，依旧浮清光。池边垂柳丝，丝比昔日长。
>
> 水面戏金鳞，游泳仍濠梁。鱼乐岂不知，但羡惠与庄。
>
> 酒罢展画册，犹是当日藏。荆关暨董巨，幅幅神轩昂。
>
> 忆坐松隐阁，春茗花瓷香。惟我最心契，对此称感伤。

卞宝第故居

173.何园(寄啸山庄·片石山房)

何园,又名寄啸山庄。现为全国重点文物保护单位,位于徐凝门街西侧。光绪九年(1883)汉黄德道何芷舫观察购"片石山房"旧园扩建而成,取陶渊明"倚南窗而寄傲""登东皋以舒啸"句意而名。片石山房原为清康熙至乾隆年间盐商吴家龙别业,嘉庆后,园渐废,先后为一媒婆、粤商吴辉谟所得,光绪年间又为何芷舫所得,增加营建,遂为扬州园林最大而仍存者。

宅后为园,山林大门,北向而立,可分可合,便于外客来游。园分东西两部,东西园林间为正门。大门一道,高大门楼,但无门额。后为正门,门上层楼,楼下通道。门月洞形,额嵌隶书"寄啸山庄"。门内复道,左右分行。门上串楼,亦复如是。门楼上下,与东西亭园连接。

《履园丛话》卷二十:"二厅之后,潋以方地。池上有太湖石山子一座,高五六丈,甚奇峭,相传为石涛和尚手笔。"

《扬州览胜录》卷六:"何园在徐凝门刁家巷,清光绪中何观察芷舫筑,为咸同后城内第一名园,极池馆林亭之胜。园北部建高楼五楹,楼下为厅,主人多于此觞客。厅前为池,曲折长十余丈,内蓄文鱼多种。池上架石梁一道,石梁东,水中央筑水心亭一座,夏日招凉颇宜。池东北为月台,高数丈,登台上可俯视全城。池西假山环绕,怪石相望,极幽险之致。假山上筑有阁道,长约十丈,围以铁栏,游人履其上,如在剑阁中行。池南,东偏壁上嵌有石刻颜鲁公三表,笔势雄健。园南筑有楠木大厅一进,古色古香,尘氛不入。中贮秦砖汉瓦,称为珍品。再南大宅连云,即为主人栖息之所。"

《默斋诗稿》卷十有《雨中饮寄啸山庄》诗:

买山不肯隐,窥园聊借慰。微雨养韶光,生意颇荟蔚。柳线织春痕,花裀卧香气。莺啭谷尚幽,鱼戏波如沸。揽胜惬旷怀,饮醇得其味。寂坐谢众喧,知希我方贵。

曲折鹤洞桥,玲珑狮岩石。薄润不沾衣,藉草铺瑶席。携手宫额黄,照影春流碧。箫管画帘深,灯火珠楼夕。何氏此山林,醉客纷游展。海上有神山,朱门锁空宅。

《江苏教育·大江南北记游踪》载易君左《何园游记》:"余等避难来扬之次日,游平山堂;又次日,闻城中有名园曰何园者,偕霁光、西云、立人往访焉。晴雪初霁,春梅正香,唯街陌泥滑难行。一路探询,遥望甲第连云,气象雄伟,为花园巷;护弁数人,拱

寄啸山庄园门

水心亭

何园花窗

何园月亭

一门而立，江苏绥靖署在其中，即何园也。余出名刺，由一副官导余等游，绕园一周，穿石百洞。读前人游记，谓此园荒废已甚，衰柳残荷，栋宇凋敝，无处不起凄其之感。自余观之，兴亡成败，理自有常。此日之衰柳残荷，即当年之雕梁画栋。盖创业难，守业尤难！苟吾人而有为者，则破碎江山，犹可一致兴复，况区区一园乎！斯园虽不足奇，然于承平时，充美女百人，歌吹沸天，仿平山、竹西佚事，亦自成其趣。又有古藤如巨蟒，盘大树而下，作吓人状，亦一景也。余家丘壑园林，毁于兵，覆于水，而余又不肖，不能继先人之业，坐令天下荒废。今游何园，岂能无所思？昔唐人乱后还京，时云：'唯有终南山色在，晴明依旧满长安！'余登高楼而望金陵，背斜阳而入京口，真不知感慨之何从矣！"

园内植被丰富，配置精妙，厅前百年桂花，花坛、花池配牡丹、芍药，前院玉兰、绣球，坡地白皮松，转角隙地有芭蕉、棕榈、黄杨、紫薇、蜡梅等。

据记载，山庄曾悬挂如下楹联：

熙春堂·堂内

　　莫放春秋佳日过；最宜风雨故人来。

熙春堂·廊柱·何绍基撰书

　　退士一生藜苋食；散人万里江湖天。

赏月楼·昔耶居士撰书

　　清心禅世界；敬香佛喜欢。

陈列室·何适斋撰书

　　一帘风月王维画；四壁云山杜甫诗。

蝴蝶厅·莲溪和尚撰书

　　无丝竹之乱耳;(刘禹锡)乐琴书以消忧。(陶渊明)

蝴蝶厅·铁保撰书

　　经纶诸葛真名士；文赋三苏是大家。

什锦窗

复道回廊

片石山房假山

门厅·陈鸿寿撰书

近簇湖光帘不卷；远生花坞网初开。

佚名撰书

狮林小仿倪高士；蠡园新分范大夫。

月亮门·石额　寄啸山庄·郑板桥墨迹（集字）

一面楼台三面树；二分池沼八分田。

船厅·匾　静香轩·李钟豫撰书

月作主人梅作客；花为四壁船为家。

何园与归堂

春水绿波扬子渡

梅花明月状元山

古城东北

174.朴园

该园在阙口街,清光绪时大盐商魏氏所建私家花园。

《扬州览胜录》卷六:"魏氏业盐,侨居邗上,池馆林亭,备极一时之盛。园内建小阁一,四面凌虚,阁下为文鱼池,澄澈可鉴。阁上四壁嵌有石刻朴园丛帖,上自晋唐,下迄元明以来名人法书,搜罗宏富,如李太白之草书、倪云林之楷书均刻入,实为稀世之珍。今园仍属魏氏,已荒废改观矣。"

175.文公祠

该祠现为市级文物保护单位,位于广陵路 119 号。祀清代大学士文煜,光绪十六年(1890)建成。大门朝东,有门堂。建筑南向,有享堂、过亭、祠堂及偏房等。占地 1360 平方米。祠堂硬山造,面阔三间,进深七檩,脊檩高 8 米,梁架有雕饰,斗拱完好。明间前有廊接过亭,亭内有八角藻井及彩绘。年久失修,装修已改。现用作塑料厂生产车间,可结合广陵路至南河下历史文化街区进行整治。

文公祠

176.八咏园·补园

该园在大流芳巷,为丁宝源所建。后为刘氏购得。现为市级文物保护单位。

据刘氏后人回忆:八咏园建筑群总体长方形,占地约两亩。磨砖大门东向,门对面有磨砖一字照壁。入门厅,白漆屏门四扇,当门而立。南首门房三间,两明一暗;北首门房一间。过屏门,见一方大天井。仪门正对大门,仪门外墙北侧腰间嵌砖刻土地堂。仪门外副宅,仪门内正宅;入三门,方为花园。三门正对,呈东西向横轴。

仪门外天井西墙两首有腰门。入右腰门为副宅,先见朝西厨房三间,与正厅墙夹起火巷;火巷北端有门。入内,见木楼两进,下层仆人居住,上层堆放杂物。入左腰门为水房,火巷尽头天井内,有水井一口。左右火巷相对。

仪门内、三门外,有正宅四进。正对仪门天井右首依次为大厅、中进、后进,左首为对照厅。大厅与中进、后进大七架梁,对照厅五架梁。大厅正中檐

八咏园

下悬"藜照堂"三字匾,为刘氏堂名。两厅墁砖铺地,装落地隔扇。中进、后进地坪升高,后进正房建于水磨石子平台。各进间有中门相通。中进东厢有耳门通厨房火巷;后进西厢有耳门,上阶,通花园内四面厅。

三门为六角地穴门。入门,南园一区,三面半廊,迎门贴西墙有半圆形芍药圃。北墙开圆地穴门。入圆地穴门,方为八咏园。中有小径,冬青夹道,豁然见景;右侧雕花木栏围起修廊,沿正宅围墙折向北,上阶,接四面厅平台;左侧为夏山间蝴蝶瓦竖铺而成的小径,四面厅后花墙一堵,东西端均有角门。从平台入东角门下阶,阶旁为黄石。一块黄石上刻"此生修得到,一日不可无"隶书联句,卵石小径通藤花榭前;从平台入西角门下阶,阶旁黄石左右,花坛各植修竹数竿,卵石小径通补园前。沿花墙花坛顺长延伸,石笋植地,千竿摇碧,石前牡丹数本,为春日山林。春景处可见园内秋景;隔花墙,秋景处又可见藤花榭门口春景。

藤花榭与补园各成小院。藤花榭在右,为书房三间,八角门石额刻"藤花榭"三字,门上漆刻楹联一副,上联"读书养性",下联"花鸟怡情",院内卵石铺地,月光下似有粼粼细波,为旱园水做。庭前百年紫藤,老干若虬。春日,串串紫蝶,迎风飞舞;夏日,浓阴蔽日,清凉宜人。补园在左,亦构屋三间,八角门石额嵌"补园"二字,从西厢过黑漆屏门四扇,入后门门厅,北向小门通小巴总门巷内。

177.天主教堂

教堂现为省级文物保护单位,位于北河下 25 号。始建于清同治三年(1864),同治十二年(1873)上海法籍神父来扬聘请扬州工匠建造。教堂坐西朝东,占地面积2080平方米,建筑面积1302平方米。大门为中式水磨砖砌门楼,上嵌石额,刻"天主堂"三字。教堂为中世纪哥特式建筑,两坡顶,屋尖竖铜十字架,正立面有三拱门,两侧有钟楼。堂内用簇柱,窗户镶嵌彩色玻璃,装修精致华美。教堂以南有北向神父楼一座,保存完好。为古运河旅游线上重要文物古迹,现用作宗教活动场所。

178.静修养俭之轩

园在徐凝门内,清乾隆时鲍肯园所建。

鲍氏业盐于扬州,为淮南商总。1803 年措饷有功,优叙盐运使职。汇晋唐以来诸名家法帖,钩勒上石,名"安素轩石刻"。刻石已由其后代捐藏扬州博物馆。

《履园丛话》卷二十:"四围楼阁,通以廊庑。阶前湖石数峰,尽栽丛桂、绣球、丁香、白皮松之属。余于壬午、癸未(1822、1823 年)两年,寓其中最久,每逢花晨月夕,坐卧窗前,致足乐也。"

天主教堂

179.容园

　　该园为清乾隆年间达官黄履昊所建。履昊,安徽歙县人,为大盐商后代,有兄弟四人,履昊行四,皆寓居扬州,各家竞建园林。黄履昊之园与其兄所建之"易园"邻近,后为达官江兰弟江蕃购为"觞咏之地"。1842年江苏达官梁章钜来扬州借居"容园"三月,赞其园"水木之盛,甲于邗江"。《浪迹丛谈》卷二《喜雪唱和诗》云:

　　　　坐看名园玉戏奇(是日,张松厓郡丞招同陆梦坡藩伯饮容园中),红灯绿酒照
　　　　霜髭。琼思瑶想吾何有,漫与当场喜雪诗。

　　《水窗春呓》卷下:"园广数十亩,中有三层楼,可瞰大江。凡赏梅、赏荷、赏桂、赏菊,各有专地;演剧、宴客,上下数级,如大内。另有套房三十余间,回环曲折,不知所向。金玉锦绣,四壁皆满。"

　　嘉庆《江都县续志》卷九中载有汪澐《容园记》:"江都地狭而民稠,巨室大家,排甍雁齿。然自谒舍寝堂已外,不易有隙地以为园林,而好事者往往于近郊负郭,小筑池台,仅足以供人之假借谦游。主人之能过而乐者,盖一旬之中无二三日焉。况特浮慕繁华,非真有岩壑之性,其志意又无所专属,则虽偶得而有之,吾知其弗能乐也。今比部黄君昆华,才情豪迈,风怀潇洒,而兼有至性,能以色养太夫人。其第在城之东南隅,旁有地数百弓,于是垒石为山,捎沟为池。导以回廊,纡以曲榭,杂植嘉蒳名卉。几榻琴尊,相与分张,掩映而并,自署曰'容'。容之云者,非容膝之谓,盖直以良辰美景,优犹以容其养;一丘一壑,倘徉以容其身。故每值朝花夕月之际,或奉太夫人鸠杖游止,或与二三同志赋诗论文,弹棋斗茗。于时俯仰眺听,池可容鱼,树可容鸟,三径可容松菊,复廊突厦可容金石书画之储。天以人伦天性之乐容君,而君即能以天之容君者容群物。容之义,其尽是乎?余尝系缆春江,一访辟疆之胜,心识者久之。既而君通籍于朝,方为西宪望郎,又不久,请假归觐北堂。余适于役,再至江都,遂属余记其园。夫江都之为园者多矣,若不如君之所以娱其亲,自适其性,徒以亭馆之瑰丽争艳耳。目彼平泉花木,尚不转眄而荆棘生焉,遑论其他哉?余既嘉君之志,而又爱园之名,因书以为记。乾隆五年岁在庚申春中。"

180.徐氏园

　　据《扬州园林品赏录》记载,清代乾隆时,候选道徐本增建园,后称徐氏园。园在

南河下康山西北隅,古树甚多,浓荫郁郁。西北层楼,接以复道,与康山草堂连。园中央叠石为山,有亭翼然。后院东西,山石丛竹,银薇两株。西南深堂,配有曲廊。园南高墙,亭台树木,两相辉映。因与康山草堂相连得乾隆临幸为荣。今废。

181.卢氏意园

该园在康山街后。清光绪年间,江西大盐商卢绍绪建。

该园内百年紫藤极奇古,枝繁叶茂,绿荫蒙蒙,遮天蔽日数十平方米。藏书楼保存完好,为明三暗五布局,旧有窗门扇、地板、天花、方砖地面、青石板天井,均丝毫未损。内有水池,池边有廊五楹,中间门上有隶书"水面风来"石额。馆舍木雕槅扇和合窗扇仍在,构架完整。

卢氏盐商住宅现为全国重点文物保护单位。

卢氏盐商住宅大门

卢氏盐商住宅串楼

卢氏意园内景

182.魏氏蕃园

园在康山街,光绪时大盐商魏仲蕃建造,故名"蕃园"。

园在住宅西偏,面南坐北。园门为月洞门,园东南有半阁飞檐。缘园西行,湖石花坛,植以青桐、玉兰。园中原有吹台一座,上悬郑板桥书"歌吹古扬州"匾额一方。吹台东北,横隔花墙。墙上有门,门内一小院落,叠黄石少许。旧有旱舟,今与吹台一并移瘦西湖:一移"夕阳红半楼",一移"西园曲水"。盛时泰州俞焕藻曾馆于此,并留诗:

> 卅年书剑老风尘,林下追陪笑语亲;幽径旁通廊曲折,小山重叠石嶙峋。
>
> 琴室犹待中天月,斗室能生大地春;桃李阴成花自好,他时应忆种花人。

183.康山草堂

园在城东南,康山街东首。《扬州府志》中说明朝永乐时,治理扬州河道,至清时堆成土丘。后来扬州知府于旧城东门外增筑新城,循其麓为址,土丘遂入于城。明代大理寺卿姚思孝葺土丘筑馆而居。

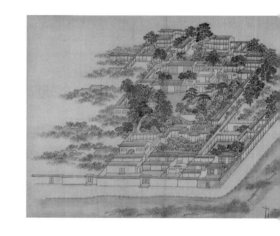

《扬州鼓吹词序》:"康山,在郡城徐宁门内,相传为开河时积土所成。明康状元海,以救李梦阳罢官,隐居于此,佯狂玩世,终日对客弹琵琶痛饮而已,因以此得名。后为廷尉姚思孝别业。余小时曾读书于此。"

《广陵名胜图》:"植诸卉木,重楼邃室,曲槛长廊。又穿池架梁,列湖石绕之。登台望远,城外漕河帆樯,往来如织。隔江山色,近在几案。山之左为观音堂,宋元间古刹也。晨钟夕梵,与山径松风相倡答。其西北隅,为候选道徐本增园。园故多古树,每春夏时,浓阴密布,蔚然以深。今复道相通,联成一景。"

嘉庆《重修扬州府志》卷三十:"康山草堂,在扬州新城东南隅。明永乐时,平江伯陈瑄浚治运河,改道由城之东南,委土于侧,隆然成山。嘉靖中,增筑新城,循其麓为址。启、祯间,大理寺卿姚思孝葺为山馆。相传修撰武功康海被放后,寓于此,聚女乐,置腰鼓三百副,饮宴宾客,一时称盛。礼部尚书董其昌署其楣曰'康山草堂',后寖废为民居。布政使衔江春购其旁屋,大加修建,以复思孝之旧而增廓焉。"

《扬州览胜录》卷六:"康山在新城徐凝门东,筑土为山,构堂其上。明正德中,康海以救李梦阳,坐交刘瑾落职;客扬州,与客宴饮,弹琵琶于此。董其昌因题之曰'康山草堂'，由此遂成名迹。清乾隆间，江鹤亭方伯就康山构为家园。高宗南巡，翠华临幸，亲御丹毫。当时楼台金粉，箫管烟花，极十载一时之盛。铅山蒋心余先生（士铨）常主园中之秋声馆，所撰《九种曲》内之《空谷香》《四弦秋》二种，皆成于馆内。昔人谓朝拈斑管、夕登氍毹，其觞宴之盛可见。鹤亭身后因欠公帑，园乃入官。道光间，阮文达公领买官房，即康山正宅，园在其侧，时已荒废，游踪罕至。不及百年，名园之兴衰如是，可慨也已！今山前改为正谊中学，山上仍为僧寺，惜大半已成荒丘。山麓嵌有石刻董其昌书'康山草堂'字。"

刘梅先在《扬州杂咏》诗中云：

> 一生沦落为空同，小住幽栖作寓公。
>
> 此是对山歌哭地，琵琶掩抑诉悲风。

楹联有：

陈鸿寿撰书

> 春水绿波扬子渡；梅花明月状元山。

弘历撰书

> 时花二月之中遇；古树千年以上论。
>
> 笼亭水树宜凉影；匝砌烟花带露姿。

康山草堂旧址

184.盐宗庙

现为全国重点文物保护单位,位于康山街 20 号。清同治十二年(1873)奉旨而建,祀清大臣、湘军首领曾国藩。建筑有门厅、照厅、大厅,占地约 330 平方米。大厅硬山造,面阔三间,进深七檩,厅前有卷棚,保存基本完好。西为卢姓盐商住宅,可结合南河下盐商住宅群历史文化街区进行整治。

盐宗庙

盐宗庙内景　　　　　　　　　　　　　　　　　　　　盐宗庙供堂

185.万石园

园邻近康山,康熙中期江都余元甲所建。

《扬州画舫录》卷十五:"余元甲,字葭白,一字柏岩,号苗村,江都邑诸生,工诗文。雍正十二年,通政赵之垣以博学鸿词荐,不就。筑万石园,积十余年殚思而成。今山与屋分,入门见山,山中大小石洞数百,过山方有屋。厅舍亭廊二三,点缀而已。时与公往来,文酒最盛。葭白死,园废,石归康山草堂。著有《濡雪堂集》,选韩、白、苏、陆四家诗行于世。是园文酒之盛,以雍正辛亥胡复斋、唐天门、马秋玉、汪恬斋、方洵远、王梅沜、方西畴、马半查、陈竹畦、闵莲峰、陆南圻、张喆士园中看梅,以'二月五日花如雪'为起句为最盛,载在《邗江雅集》。"

186.退园

退园在南河下，与康山草堂比邻，为清代大盐商徐赞侯所建。

《扬州画舫录》卷十四："徐赞侯，歙县人，业盐扬州。与程泽弓、汪令闻齐名。家南河下街，与康山草堂比邻。有晴庄、墨耕学圃、交翠林诸胜。毁垣即与江氏康山为一。南巡时，江氏借之为康山退园，故亦得以恭迓翠华，传为胜事，遂与北郊之水竹居并称矣。"

187.易园

园在康山南侧，清时大盐商黄履晟所建。

《扬州画舫录》卷十二："黄氏本徽州歙县潭渡人，寓居扬州。兄弟四人，以盐笑起家，俗有'四元宝'之称。晟字东曙，号晓峰，行一，谓之'大元宝'。家康山南，筑有易园。刻《太平广记》《三才图会》二书。易园中三层台，称杰构。履暹字仲升，号星宇，行二，谓之'二元宝'。家倚山南，有十间房花园。延苏医叶天士于其家，一时座中如王晋三、杨天池、黄瑞云诸人，考订药性。于倚山旁开青芝堂药铺，城中疾病赖之。刻《圣济总录》，又为天士刻《叶氏指南》一书。'四桥烟雨''水云胜概'二段，其北郊别墅也。履昊字昆华，行四，谓之'四元宝'。由刑部官至武汉黄德道。家阙口门，有容园。履昴字中荷，行六，谓之'六元宝'。家阙口门，有别圃。改虹桥为石桥。其子为蒲筑'长堤春柳'一段，为荃筑桃花坞一段。"

188.水南花墅

园在新城徐凝门外运河南，又称"江家箭道"，乾隆时江春所建。

《扬州画舫录》卷十二："增构亭榭池沼，药栏花径，名曰'水南花墅'。乾隆己卯，芍药开并蒂一枝，庚辰开并蒂十二枝，枝皆五色。卢转使为之绘图征诗，钱尚书陈群为之题'袭香轩'匾。自著有《水南花墅吟稿》。"

千秋帝子祠　一代忠臣寺

古城中（西）文昌中路南

萃园假山凉亭

189.萃园

　　现为市级文物保护单位,该园在西营七巷东首,清末丹徒包黎光在旧潮音庵故址,修建"大同歌楼",未几毁于火。民国七年(1918),扬州盐商集资,于原址建园林,盐远使方硕辅为其题"萃园"额。1951年收归国有,恢复后并加以扩建与息园合并,即今"萃园城市酒店"。

　　《扬州览胜录》卷七:"四周竹树纷披,饶有城市山林之致。园之中部,仿北郊五亭桥式,筑有草亭五座,为宴游之所。当时裙屐琴樽,几无虚日。十年间,日本高洲太助主两淮稽核所事,借寓园中,由此园门常关,游踪罕至。自高洲回国后,园渐荒废矣。"

190.息园

　　《扬州览胜录》卷七:"息园在旧城七巷,为冶春后社同人胡君显伯之家园。其地在萃园西,与萃园仅隔一墙,亦属大同歌楼故址。自歌楼毁后,惟余断壁颓垣、榛莽瓦砾。民国二年（1913）春，胡君于雪后经此晚眺，适见夕阳归鸟，一白无际，同时亦并有一人立高洲桥头玩雪（高洲桥者，日本人高洲太助寓萃园时所造之桥也），遂就即景成断句云：'鸟飞天末烟，人立桥头雪。'吟罢而去。十六年春，胡君即购其地，小筑园林，以为息影读书之所，因名曰'息园'。园中建楼五楹，其地即为昔日眺雪之处，遂名其楼曰'眺雪'。楼下辟精舍数间，署曰'箫声馆'。盖胡君既能诗，而又精音律，善吹洞箫，故以箫声名其馆也。亦尝自号竹西箫史。自园建后，觞咏之会每岁无虚，春则以元宵为多，冬则以月当头夕为盛。酒酣以往，分笺赋诗，或至深宵不倦。每遇良辰令节，辄集广陵琴徒曲友于其中，有时歌声若出金石。园内杂植花树，并擅竹石之胜，而四周高柳尤多。入夏，三两黄鹂，好音不绝，君每喜听之。二十四年夏秋间，园中蓣花盛开，觞诸诗人于花下，各赋'蓣花诗'赠之，一时传为盛事。"

191.基督教礼拜堂

现为市级文物保护单位，位于萃园路 2 号，1923 年由美籍传教士毕尔士创建。旧称贤良街礼拜堂，属基督教浸礼会教派。砖木结构，十字形屋顶，鱼鳞瓦屋面，建筑面积约 1000 平方米，是一座集主日学与大礼拜聚会于一体的教堂。

基督教礼拜堂

礼拜堂中间为基督教徒做礼拜用无柱敞厅(即礼堂)。两侧是供主日圣经学校作教室用的20余间房,各有活动隔间。拉开隔间连通礼堂,共可容纳千余人,原先有座位1008个,供主日崇拜圣诞节和复活节等宗教活动时唱赞美诗之用。唱诗台上方有穹形墙柱,柱上镌刻有"耶和华在他的圣殿中,全地的人都当在他面前肃敬静默"金字。讲台后建二层平顶楼房,为牧师住所、办公室、会议室、接待室等。

整座教堂保存完好,1981年经政府批准为开放教堂。

凌氏住宅

192.凌氏住宅

现为市级文物保护单位,位于南柳巷90号,建筑坐东朝西,砖木结构,面阔三间,进深三进。第一、二进为三厢两间,第三进为五开间小平房。南北两侧有水井、火巷。该建筑保存完好,至今仍保留着民国初年修建时水泥天井路面和水磨廊沿石。住宅一部为凌氏后人居住,局部为房管局直管租赁房。

阮家祠堂

193.阮家祠堂

现为省级文物保护单位,位于毓贤街8号,建于清嘉庆年间(1796—1820),系清代学者阮元家祠,祀高、曾、祖、祢四世。阮元(1764—1849),字伯元,号芸台,扬州仪征人,乾隆进士。历任要职,晚年拜体仁阁大学士、太傅,一生致力于学术研究。祠堂坐北朝南,占地1520平方米,有头门厅、二门厅、正殿、文选井,建筑完好。前两进均面阔三间。正殿硬山顶,面阔五间,进深七檩,两边有廊房环抱。祠南临街围墙正中嵌有"太傅文达阮公家庙"石额,祠东有阮元故居三进。可收回古建筑,进行修缮,建为扬州学派纪念馆。

194.怡庐

　　现为市级文物保护单位,位于市区嵇家湾。民国初钱业经纪人黄益之建,扬州叠石名家余继之设计。坐北朝南,大门东向。园分前后两个院落,占地460平方米。入门为一庭院,北面居中有花厅三间,东、南两面有游廊相接。西偏依墙叠宣石假山,上植丛桂。墙中部有门通厅西小院,院中南北两面相对筑有小屋,北额"藏拙",南额"寄傲",统称"两宜轩"。其后院有书斋三间。怡庐"建筑与院落比例匀当,装修亦以横线条出之,使空间宽绰有余……至于大小院落的处理,又能发挥其密处见疏、静中生趣的优点"(陈从周语),在工人广场建设过程中已整修。

树人堂

195.树人堂

现为省级文物保护单位,位于淮海路13号扬州中学内。堂系教学实验楼和会堂相结合建筑,坐西朝东,建筑面积约2000平方米。总平面呈飞机形,平顶。前由门廊与翼楼组成前楼,主楼三层,局部四至五层。中为会堂,后为舞台。1965年维修时,因会堂观众厅平顶危险,改为两坡顶,其余基本保持原状。现仍作为实验楼和会堂。

196.王柏龄故居

现为市级文物保护单位,位于淮海路44号。原国民党中央执行委员王柏龄所建。占地面积2340平方米,为中西合璧花园洋房。大门偏东南向(从院西开侧门进出),门廊有木雕。楼在院中,坐北朝南,为二层钢筋混凝土砖木混合结构,坡屋顶。一、二层中

王柏龄故居   盐务稽核所

间均为宽敞客厅,下层南面有廊,二层厅外为大阳台,上下两侧均为房间,厅后有走道;北面有楼梯和配套房。楼前为花园,西贴壁构假山和水池,西南角筑有半亭,院偏东有小青瓦屋面长廊,自大门连接楼屋。院中有草坪和古黄杨、广玉兰等花木。现用作安全局招待所。

197.盐务稽核所

现为市级文物保护单位,位于淮海路 33 号,清末民初设立,新中国成立后曾作为政府招待所(大汪边招待所),曾接待过原国家主席刘少奇同志、外交部长陈毅同志等党和国家领导人。

现存西式洋楼一座,保存完好。

仙鹤寺

198.仙鹤寺

现为省级文物保护单位,位于南门街 111 号。为我国沿海伊斯兰教四大名寺之一。原整个建筑与古柏布局如鹤形,故名。始建于南宋咸淳年间(1265—1274),相传为穆罕默德十六世裔孙普哈丁创建。明洪武二十三年(1390)重建,嘉靖二年(1523)重修,清代又重修大殿等建筑。礼拜殿为东向勾连搭式,前殿为歇山顶,面阔五间,进深三间,前有廊轩,后殿两稍间略小。明间屋面上建一歇山方亭,使屋顶富有变化。院内存古银杏一株,据称已有 700 多年树龄。现为伊斯兰教活动场所。

199.甘泉县衙署门厅

现为市级文物保护单位,位于甘泉路 194 号,东南与匏庐相望。县衙仪门,始建于清雍正十年(1732),同治八年(1869)重建。坐北朝南,面阔三间,檐下有斗拱,门前两侧为八字墙。保存基本完好,为老城区仅存县衙建筑。

甘泉县衙署门厅

200.史巷 9 号民居

位于史巷 9 号，为清末民初建筑。坐西朝东，第一进为门厅，第二进为砖雕门楼后接三开间门厅。门厅以庭院、过廊连接第三进、三开间大客厅，大客厅后为一天井。第四进为明三暗五住宅正房，第五进亦为明三暗五住宅。第四、五进之间为天井。该建筑群五进房屋，以四个天井相连，建筑布局疏朗宽敞。现为市级文物保护单位。

史巷 9 号民居

201.邹育梁住宅

邹宅位于史巷 7 号，民国时期扬州盐业公会高级职员邹育梁购旧宅为居所。该建筑大门坐西朝东。砖雕门楼，进门为三间门厅，门厅南北侧各接轿厅两间。进庭院向西偏南为一道砖雕门。进门为一天井，坐北朝南明三暗五大七架梁住宅。高大轩敞。天井青石板铺地，堂屋青砖地墁，正房室内木地板，木板壁槅扇门窗。天井坐南朝北四间厅房。厅房南原有花厅三间，现已改建为住房，但花厅结构未动，仍可见原建筑风貌。该住宅为清末民初大户之家居建筑，今仍为邹氏后裔居住。现为市级文物保护单位。

邹育梁住宅

202.赵氏庭园

现为市级文物保护单位，位于赞化宫，西邻仙鹤寺。原系布商赵海山宅。坐北朝南，东部住宅，西部花园，占地约 2000 平方米。东部厅堂前后共三进，西部宅园内南有书斋三间，北有花厅二进，东侧倚墙有半亭，前进花厅面阔三间，进深七檩，厅内置天花，前有卷棚。园内尚存零星山石，整个建筑除局部改建外，保存尚好。现作宿舍。

赵氏庭园

203.旌忠寺

　　寺现为市级文物保护单位,位于仁丰里。寺址相传为梁昭明太子文选楼故址。寺始建于宋咸淳年间(1265—1274),元代至元年间建大殿,明、清均有增修。光绪年间,两次扩建,二十六年建厅五楹,三十年修建山门,民国年间将文选楼升高重建。大殿为楠木梁架,文选楼上藏有大藏经五千余卷,可惜于1992年遭火毁。

　　《扬州览胜录》卷七:"旌忠寺在小东门北三巷西。陈太建中为寂照禅院,此寺所由起。宋祀鄂忠武王岳飞,寺额旧兼'文楼旌忠'四字。清光绪三十年后,僧镜如疏理沟道,获宋人隶书'旌忠寺'三字石额,遂易今名。大殿三楹,中供佛像,'大雄之殿'四字相传为颜鲁公书。"

　　又云:"文选楼在小东门北旌忠寺内,相传为梁昭明太子萧统文选楼故址。太子选录秦汉三国以下诗文凡六十卷,名曰《文选》,楼以是名。唐杨燮有《扬州文选楼序》。

旌忠寺大殿

274

炀帝游江都,常幸此楼,见宫娥倚栏,风飘彩裙,因而色荒愈甚,庙社为墟,不若太子敝
篾一编流传千古。民国初年,楼将圮,寺僧法权募资重建大楼五楹,备极壮丽。楼上中
楹供太子塑像,首戴角巾,俨然儒者气象。楼前题'梁昭明太子文选楼'额,楼下题'六
朝遗迹'额。千余年文化故迹,焕然一新,其功不可没也。"

有楹联如下:

藏经楼·重建落成志庆·茗山撰书

　　佛言祖语,玉轴琅函,梵刹经楼储法宝;

　　鸠译奘翻,灵文贝叶,龙宫海藏散天香。

文选楼

　　一代忠臣寺;千秋帝子祠。

大门

　　禅门似海;佛法无边。

侧门

　　居功德地;入方便门。

204.陈六舟故居

现为市级文物保护单位，陈六舟故居共两处，一在
糙米巷 6 号、8 号、10 号，一在东关街羊巷 23 号。陈六
舟官至安徽巡抚。糙米巷，旧时称曹李巷。此宅历史上
全部属陈仲云家族产业，陈氏先后四代为扬州很有影响
的官宦世家、书香门第。道光壬午（1822）至光绪癸未
（1883），陈家先后有三进士，父子二人赐传胪，其后两人
为举人、秀才。陈氏家族从陈仲云在道光壬午（1822），
其子陈六舟在同治壬戌（1862），侄陈咸庆在光绪癸未
（1883）先后参与殿试会考时，三人均赐进士。陈仲云、

陈六舟故居

陈六舟父子先后殿试会考又获二甲第一名，赐称传胪。历史上扬州人称陈家为"一门
三进士，父子二传胪"。

陈氏住宅从地理位置，遗存房屋现状、体量、造型、构架特色都能印证属于清中期
或更早建筑。陈氏老住宅 6 号、8 号磨砖门楼，形式相似，8 号门楼已用砖封闭，从其西
另开一门进出，而 10 号门楼建国后改建。6 号门楼一顺四间，小五架梁，入内左折正
厅三楹，杉木圆作，七架梁，抬梁式。厅内古拙简朴，构架未动。8 号门楼一顺有七小间，
迎面有福祠残迹，入仪门，迎面正厅三楹，东接客座一间，此厅堂为陈氏正厅，专为接待
礼仪场所。厅堂构筑规整考究。此轴线住宅遗存明显，历史上前后共有五进房屋。依
此路住宅西墙有南北向巷道，巷西尚存前后三进住宅，为三间两厢式。10 号一路住宅
1949 年后已拆除改建，难寻旧屋原貌。

陈氏老屋除在糙米巷以外，东关街羊巷 23 号还有一处老屋，属陈六舟产业，称"金
粟山房"。

205.公园

该园在小东门外，清末扬州商人集资以旧城东墙废址所建。

《扬州览胜录》卷七："清宣统末年各商业集资，就废城基建筑。大门在大儒坊，面
小秦淮，门前跨以板桥。园之中部，构大厅三楹，为游人品茗之所，署曰'满春堂'，郡
守嵩岣书。联云：'春从何处归来？恰楚尾吴头，尽流连永昼茶香，斜阳酒暖；花比去

年好否？正千金一刻,最珍重绿杨绕郭,红药当阶。'亦太守撰句并书。厅东西两壁旧悬李石湖、王蕊仙、陈锡蕃、张直斋四画师大幅山水翎毛。……厅前植紫藤四五株,构木为架,花时绿荫如画,落英满阶。厅西为迎曦阁,阁前有峰石一,矗立庭际,状极奇古。……大厅南圆门内为桂花厅,内设茶社,旧种桂花数株,今已枯萎。……大厅北筑草堂三间,署曰'伫月峰'。联云:'勾引作诗人,居然花草庭罗,图书壁拥;商量听曲处,好是楼台灯上,箫鼓船归。'丹徒李孝廉遵义撰句并书。……草堂后为草亭,民国初年马隽卿、钱切庵、李和甫诸公出资兴筑,品茗其间。额曰'眠琴小榭',钱切庵书。联云:'半榻茶烟风定久,一帘花影月来初。'亦切庵撰句并书。草堂前有荷池一,荷多名种,曾开并蒂莲花。以太湖石叠池之四周,夏日品茗赏荷,极招凉乐事。草堂东为教门室茶社,回教中人多集于是。荷池西为紫来轩茶社,座位雅洁,报界诸子多于午后四五时小憩于此。丁丑事变后,园之南部满春堂、桂花厅等处改名扬社,为招待来宾之所。"

公园桥

206.公园桥

现为市级文物保护单位,位于公园巷西首,东西向横跨于小秦淮河上。桥始建于民国七年,1947年修缮栏杆,1964年、2002年又分别进行修缮。现桥为砖拱结构,石砌桥基,砖券拱顶,桥面呈八字形,长7.8米,宽4.1米。

小虹桥

207.小虹桥

现为市级文物保护单位,位于北城根、南柳巷之间,东西向横跨于小秦淮河上。始建于明代,为砖拱桥。1913年、1976年、2002年修缮。砖拱结构,石砌桥基,砖券拱顶,桥面中间为石砌阶梯式,两侧砖铺。

208.朱氏园

现为市级文物保护单位,位于南柳巷38号。房主为清代朱氏,开药草行。大门面西,门楼已毁。南为住宅,北为花园。住宅前后四进,三、四进已改建。花园已毁,今存残石。现为居民住宅。

朱氏园

209.参府街民居群

现为市级文物保护单位,民居群位于参府街 70、72、74、76、78、80、90 号,乃民国初赵氏、高氏、曹氏住宅。

70、72、74、76 号为赵氏住宅,前后五进,均为明三暗五对合式建筑,前后天井相连。78、80 号为高振声家宅,前后两进,明三暗五住宅。86—90 号为曹姓家园,现存两进,明三暗五,东西厢房,前后有天井相连,宅北原有庭园。第一进东山墙下嵌"庆余堂界"界碑一方。

现代著名文学家、文史专家、文艺评论家洪为法曾租住参府街 72 号。洪为法(1900—1970),曾名炳炎,字式良(一作石梁),笔名天戈等,扬州人。为创造社成员,与成仿吾、郁达夫等相识、交往。1925 年与周全平合编刊物《洪水》,发表了大批小说、诗文、散文,著有《曹子建及其诗》《古诗论》《郑板桥故事》《柳敬亭评传》《为法小品集》《谈文人》《中国文人故事选》《绝句论》《律诗论》《国语学习法》等。

82 号,建于民国时期。宅主田野,字悦邱,别号垫,江都人。早年就读于山东齐鲁大学医学院,毕业后被分派至美国教会在泰州开办的医院,任医师,4 年后自行开业。抗日战争前夕迁至扬州,先后在南柳巷、居士巷、参府街开设"田野诊断",主治内科、儿科,颇负盛名,被选为江都县医师学会理事,江都县参议员。1948—1949 年,在上海行医,常替外国人治病,并能直接用英语对话。建国后,复回扬州开业。1950 年,参加扬州市医师协进会。后受聘于苏北工人医院,任医务主任。现存西式小洋楼一座,面阔三间,砖木结构。

参府街民居群

210.景鉴澄住宅

现为市级文物保护单位,位于新胜街 28 号,景吉泰茶庄老板景鉴澄住宅,为清代晚期建筑。景鉴澄在扬州开店,为人活络,常向一些茶楼、浴室、戏馆老板传销茶叶。后因生意兴隆,越做越大,先后买下新胜街多处房产。1956 年,景吉泰参加公私合营,与其他几家同业改组为"绿杨春",门面设在教场街。

景氏住宅临街为一小门厅,进门一小天井,向西为前后三进三间两厢式住宅,住宅六间与天井相连。院东部原有客厅,今已改建。

景鉴澄住宅

211.大陆旅社

　　现为市级文物保护单位,位于新胜街 26 号,与"绿杨旅社"隔街相邻,为扬州民国时期著名旅社之一。建筑为中西合璧式楼房,进门厅,内为透空式中庭。三层砖木串楼,结构完好。楼后北侧有一小院。

大陆旅社

212.绿杨旅社

　　该旅社现为省级文物保护单位,位于新胜街23号。占地面积370平方米,中西结合建筑,前后两进三层串楼。中为通天舞池,水磨石地面。南楼大厅内有罩格、木雕,地面铺设西洋地砖,东西两侧有木楼梯。二、三层建筑外为回廊,内各隔小间客房,内存梳妆台等古式家具。老一辈革命家恽代英、陈毅、邓颖超,文学界、艺术界名人郁达夫、梅兰芳,国民党要人孙科等均曾入居于此。今仍称"绿杨旅社"。

绿杨旅社

数百年人家无非积善
第一等好事只是读书

古城南(西)

213.达士巷12号王氏住宅

住宅现为市级文物保护单位,位于达士巷12号。门楼上有砖雕莲花、卷草及鲤鱼等图案。

达士巷12号王氏住宅

214.达士巷民居群

现为市级文物保护单位。

达士巷20号民居现存砖雕门楼一座,住宅已改建。

达士巷22号,前为砖雕门楼,后为五进住宅。第一进为三开间门厅,门厅北为一天井与第二进三间两厢住宅相连,第三进为三间两厢住宅,第四、第五进为对合式三间两厢住宅。该建筑群总计五进,除门厅三间改造为住房,其余建筑结构均保存较好。天井相连,麻石铺地未改变,木槅扇、门窗基本保留。为清末民初典型民居。

达士巷24号,前为砖雕门楼,全为四进住宅。进门第一进为三间门厅,中间一天井与第二进三间两厢住宅相连。第三、四进为对合式三间两厢住宅。天井为青石铺地,堂屋间为青砖铺地。木槅扇、门窗保存完好,为清末民初典型民居建筑。

达士巷民居群

215.愿生寺

　　该寺现为市级文物保护单位,位于埂子街146号。民国初,为超度扬州八大盐商之一萧裕丰而建。解放初"唯生阁"被拆,寺内佛像通过佛协迁往江西之聚山。现存山门、大殿、藏经楼、后殿、两厢廊房以及明代楠木厅。今已重新辟为宗教场所。

愿生寺山门

216.浙绍会馆

　　会馆现为市级文物保护单位,位于达士巷54号。浙绍会馆占地面积约700余平方米,遗存老建筑十六间四厢三披,建筑面积458.58平方米。会馆大门楼朝东,大门宽达2米,高达3米。门上首横陈扬州匠人称为"门龙"之物,再上首匾墙依然,两侧青砖砌筑,高墙耸立,气势不凡。入内宽阔,朝南即为浙绍会馆主厅的正门。大门高阔,与朝东大门楼相似。入内门厅披廊三间,左右连接厢廊拱卫面南正厅三楹。正厅构架取材杉木,杉木在风水建筑中称为阳木。构架的造型为抬梁式,圆作。直木粗柱,大梁肥硕。厅前上首置弓弧形卷式木作,宽达2.50米,扬城少见。卷式木作取材柏木,其谐音有"百福"吉祥寓意。整体厅堂构筑规整,圆料直材,原木本色,不施油漆,挺拔宽阔,古朴庄重,体现扬州本地构筑特征作法和清中期特征形式。厅内柱下显露磉石取材青石,造型为质朴覆盆式,此亦见证为清中期特征。厅内墙面原有合墙板,地面方砖铺就,厅前置槅扇,现均已改变,唯剩厅堂构架完整。厅东侧置火巷一道,面西构一排六间客房,原为浙人来扬客居之所。其北为厨房,局部装修已改。厅前西廊原旧墙壁间至今还嵌有0.70米×0.55米砖平浮雕回纹锦相围的碑刻两块,其中一块砖刻因年久风化剥落难辨其字迹,而不解其意。另一块为白矾石碑刻,小楷浅刻竖写"重修浙绍会馆记",其原文字迹清秀清晰,内容是:"乾隆四十六年岁在辛丑,浙东张公履丰移旧城之浙绍会馆,改建于小东门外达士巷,为越州君子客于扬者往来憩息之所,笃乡谊也。东南都会越州为大,士大夫家习诗书,其迁业者隐于贾。扬地扼江淮之要,盐策殷富,百物所聚。而越人之客于扬,率托业于金银钱炭为多。于时民物繁阜,相见以信,而贸迁利饶,集其羡余,修葺房宇,故不伤财而事易举也。泊道光十一年辛卯春,廷罢巡盐御史厘盐弊,而淮南北多更旧章,因是越人之贾于扬者多半星散,而会馆亦因之浸坏矣。功少弃学而贾,与越中诸君游习至其地,见屋壁之渐颓,因商之绍兴魏君远谋新之,犹张公志也。礼曰:'有其举之莫敢废',《传》曰:'民生在勤则(不)匮。'愿与同志者恒其业而无废其地,则所望于将来也。道光十八年岁次戊戌五月朔日,天长绍周氏岑建功识,江都襄孚韩潮书。"

根据《重修浙绍会馆记》碑,早在乾隆四十六年(1781)由浙东人张履丰从旧城原浙绍会馆,迁址到新城达士巷今地址,也就是说达士巷的浙绍会馆至今已有二百多年的历史了,也是扬州遗存众会馆中有碑刻记载史证的最早会馆,另一方面也说明浙绍会馆原址是在旧城,也就是说浙绍会馆存在的历史更早。还有从碑记字里行间也说明乾隆时期扬州是"扼江淮之要,盐策殷富,百物所聚"的繁华之都市,因而引来五湖四海商贾聚之。可以说此碑刻史料价值是很珍贵的。

正门西,朝东拾级而上为西路住宅部分,入内,门房一间,北建走廊一道,朝西大天井一方,面南,厅房三间,西接走廊披房,厅后天井一方,左右廊房,厅南首原有空院。

217.盐商汪鲁门住宅

汪宅现为全国重点文物保护单位,位于南河下170号,地处南河下盐商住宅群历史文化街区。清代大盐商汪鲁门宅第,坐北朝南。现存门楼、照厅、大厅、二厅、住宅楼等前后七进。除东部花园已毁外,建筑保存完整,占地面积3400余平方米。第二进大厅为楠木梁架,面阔三间,进深七檩,前有卷棚,大小枋梁为扁作,木雕精美。

盐商汪鲁门住宅大门

盐商汪鲁门住宅山墙

盐商汪鲁门住宅内景

218.福缘寺永宁宫古戏台

戏台现为市级文物保护单位,位于永宁巷23号。系福缘寺下院。大门南向,现存戏台、大殿及寺房数间,占地面积650平方米。戏台北向,单檐歇山顶,高二层7米,面阔三间,进深七檩,较残破。为老城区现存为数不多的古戏台。

福缘寺永宁宫古戏台

219.湖北会馆

会馆现为市级文物保护单位,位于南河下174号。现存一楠木厅,原系湖北会馆大厅,坐北朝南,硬山顶,全部楠木结构,用材考究,面阔三间,进深七檩,前后有卷棚,柱础、雀替雕刻精美,保存完整。结合南河下历史文化街区进行整修,可与东侧汪姓盐商住宅相连成文物景点。

有楹联一副:

湖北会馆·义园

十年一觉扬州梦;万古唯留楚客悲。

如意桥

220.如意桥

现为市级文物保护单位,位于太平码头西侧,东西向横跨于小秦淮河上,始建于清同治七年(1868)。砖拱结构,桥面长15米、宽2.7米。砖砌桥栏,上镶"如意桥""同治七年立""埂子街公捐重修"石额题记。1978年、2002年整修。

221.城南草堂

该园在小东门内,为清嘉庆年间陈思贤家居。

《芜城怀旧录》卷一甘泉汪荣光《白石山人还居城南草堂序》:"卜居吾郡,莫便于小东门内。其地在城东南隅,介乎新旧两城间,……洵善地也。傍城之阴,有精舍焉!珍卉秀郁,文窗窈窕,是为'城南草堂',吾友白石山人爱居之。……嘉庆八年,山人为经纪其姻党家事,于姻党之旁舍暂栖止。越三年而不忘城南,仍归草堂居焉。……山人陈氏,名思贤,字再可,号梅垞。于还居草堂之先,获异石焉。移植于堂之东南隅,遂以'白石山人'自号。是石也,瓏珑丈余,莹洁比玉,有拔出尘俗之概。山人乐之,可想见山人襟抱矣!嘉庆丙寅十一年中夏。"

此记载入《广陵思古编》,后见陈休庵《题秦彤伯小盘谷图》注有:"先伯祖城南草堂,近太平桥,乱后遗址已不可考。"

222.匏庐

现为省级文物保护单位,位于甘泉路,民国初年大实业家卢殿虎所建,其设计者为叠石造园家余继之。

园分东、西两部分,东部"匏庐"园,狭长如曲尺,以回廊相连,缀以花木山石,东南隅凿一水池,有半亭临水,池北有轩三间。西部"可栖"园,有南向花厅三间,厅南庭院内有湖石假山一组,院西南建一水阁,阁临池上;厅北有黄石花坛,保存完好。

全园紧凑,横长别致,左右两院,形如瓢葫芦,故名。"匏"字引申,似含赋闲归隐之意。

匏 庐

223.种字林

园在粉妆巷,清初湖州知府吴绮所建。

《芜城怀旧录》卷一:"吴蘭茨太守绮自湖州罢职归,曾居粉妆巷。太守贫而好客,吴梅村诗云'官如残梦短,客比乱山多'者是也。风流儒雅,四方慕其名,乞诗文者踵接。但令其各酬树一株,名曰'种字林'。"

224.李石湖住宅

现为市级文物保护单位,位于大实惠巷 4 号、小实惠巷 14 号,为民国初画家李石湖及其弟李石泉寓所。建筑坐北朝南,东宅西园。住宅前后四进,第一进为楠木厅,面阔三间,前置卷棚。第二进,明三暗五两厢。第三进住宅,面阔六间,东西为厢房。第四进为平房,面阔四间,进深五架。园内原有半亭、金鱼池,现已毁,北有花厅三间。

李石湖住宅

225.四眼井

该井现为市级文物保护单位,位于大实惠巷23号。又称"胭脂井"。井所在地常府巷为明初名将常遇春(1330—1369)赐第。四眼井,传为常府厨房用井。井上覆盖四块外方内圆井口石,上置四石栏。今井栏已不存,余皆完好,为居民用井。

四眼井

226.刘氏庭园

刘园现为市级文物保护单位,位于粉妆巷19号。为清代民居。大门东向,占地约1000平方米。宅东北为一庭院,院内有南向花厅三间,厅两侧为廊。院内残存若干湖石,院墙东南两面有水磨砖漏窗。宅东南书斋三间,前有抄手廊环抱,其槅扇、挂落、装修保存尚好。宅西部有大厅、二厅、住宅楼计三进。今为居民住宅,保存尚好。

刘氏庭园

227.秦氏意园

园在旧城堂子巷西南,清乾隆时太史秦恩复家园,原为"旧城读书处"。

《芜城怀旧录》卷一:"秦黉,字序堂,江都人。乾隆十七年进士,授编修,转御史,擢湖南岳常澧道。嗣以母病,请养归里。高宗南巡召见,问扬州新旧城有何区别?对以新城盐商居住,旧城读书人居住之所,因赐额曰'旧城读书处'。……其子恩复,字近光,号敦夫,乾隆五十三年进士,授编修。嗣丁内艰。服阕,因病闭户养疴。家有园林,复筑'小盘谷'方庭数武,浚水筑岩,极曲折幽邃之致。又筑室三楹,曰'五笥仙馆'。海内名公,无不知有'小盘谷'也。"

《扬州览胜录》卷七:"小盘谷在南门堂子巷秦宅内,清乾隆末江都秦太史恩复筑。太史家居,就宅边构小园曰'意园',于园中累石为山,名曰'小盘谷',出名工戈裕良之手。园内旧有五笥仙馆、享帚精舍、听雪廊、知足知不足轩、石砚斋、居竹轩、旧城读书处诸胜。当时名流咸集,文宴称盛。太史官翰林编修,淹通经史,有校订《列子》《法言》《鬼谷子》及《封氏见闻录》诸书。父西岩观察以名翰林出为岳常漕道,工诗文,著有诗文集。园内旧城读书处即为观察藏书之室。当时汀州伊秉绶守扬州,手书楹联以赠,传诵至今。联句云:'淮海著名门,在关中,在燕北,在江南,十八科翰苑清班,斯为世系;扶风传望族,有高士,有节母,有宿儒,二百年邗城老屋,所谓旧家。'按:下联末句'所谓旧家'本清高宗语。高宗南巡江浙,幸扬州,时观察罢官家居,迎銮时,高宗垂询观察曰:'汝家居新城,抑居旧城?'观察对曰:'旧城。'高宗复曰:'新城多盐商所居,旧城多旧家所居。'盖天语加以荣宠也。此联墨迹毁于兵火。观察曾孙少笙于光绪己卯嘱芮湘南先生补书。玄孙彤伯又恐芮先生之墨迹悬久剥蚀,又嘱符晓芙先生补书,以志不忘。太史子巘,字玉笙,举道光辛巳顺天乡试,家居时,复与诸老辈觞咏其中,有《意园酬唱集》行世,并编订《词系》一书藏于家,海内来求稿者踵相接。

"咸丰洪杨之劫,园毁,所谓小盘谷者,亦倾圮矣。乱后,太史孙少笙于小盘谷山右筑屋数椽,为春秋佳日盘桓之所。太史曾孙彤伯经营先世故址,力谋兴复,乃就小盘谷旧存山石,乱者理之,随地位置,补栽竹木。于乱石中检得史望之尚书所书'小盘谷'旧石额,惜仅存一'谷'字与尚书署款,遂嵌于小盘谷东偏墙上。太史玄孙午楼兄弟命工橅拓,付之装池,并绘小盘谷图,遍征海内名人题咏。余近年馆午楼家,往往于佳辰令节与午楼登小盘谷,瞻眺徘徊,犹想见当年风景。午楼兄弟并于小盘谷对门就先世祠堂故址西偏改建园林,筑草堂五间,为延宾之所。园内广植花木,尤以牡丹为胜,并有姚黄、二乔、豆绿诸名种。花时往往觞客其中,赋诗为乐。秦氏世泽之长,于此可见。"

有楹联一副:

弘历书额　旧城读书处·伊秉绶撰书

淮海著名人，在关中，在燕北，在江南，十八科翰苑清班，斯为世系；

扶风传望族，有高士，有节母，有宿儒，二百年邗城老屋，此谓旧家。

228.汶河路 24 号民居

现为市级文物保护单位，位于
汶河路 24 号。原系住宅厅房，坐北
朝南，硬山造，面阔三间，进深七檩，
楠木梁架，大、小柁梁均系扁作，月
梁有彩绘。是市区现存为数不多的
明代建筑。

汶河路 24 号民居

229.浸会医院旧址

现为市级文物保护单位。清光绪三十一年（1905），美国西差会派美籍伊文思医
师来扬行医布道，创立浸会医院。民国二年（1913）伊文思回国，由安德生医师来扬主
持医院工作，次年安德生回国，邰大医师来扬接管医院工作。民国十年（1921），在今
南通西路建新医院，有门诊楼及病房楼一幢以及西教士（医师）宿舍楼、护士楼、职工
宿舍楼。民国十一年（1922）在院内创办高级护士职业学校。北伐战争时期，被迫停办。
民国二十五年（1936），西差会派遣穆夏医师来扬恢复工作。抗日战争期间，医院曾临
时辟为难民收容所。太平洋战争爆发后，日军接管了扬州浸会医院。抗日战争胜利后，
西差会派遣施坦士牧师会同扬州卸甲桥浸会堂王家庆牧师代表教会收回医院。民国
三十五年（1946）夏，恢复医院工作。1951 年 7 月 26 日浸会医院由扬州市人民政府接
收，改名为扬州市工人医院，并迁至原美汉中学。浸会医院原址由扬州市人民医院接
收使用，后改为苏北人民医院至今。

现门诊楼已拆除，原有建筑尚存三幢二层西式楼，分别为院办公室、院总务处、基
建处，保存良好。

浸会医院旧址

接天莲叶无穷碧

映日荷花别样红

古城西南角

230.影园

　　园在城南门外,水中长屿上。其设计出自《园冶》作者计成手笔,是明末进士郑元勋家园,1634年建成。

　　《影园瑶华集》卷中郑元勋《影园自记》:"山水竹木之好,生而具之,不可强也。予生江北,不见卷石,童子时从画幅中见高山峻岭,不胜爱慕,以意识之,久而能画,画固无师承也。出郊见林水鲜秀,辄留连不忍归,故读书多僦居荒寺。年十七,方渡江,尽览金陵诸胜。又十年,览三吴诸胜过半,私心大慰,以为人生适意无逾于此。归以所得诸胜,形诸墨戏。壬申冬,董玄宰先生过邗,予持诸画册请政。先生谬赏,以为予得山水骨性,不当以笔墨工拙论。余因请曰:'予年过三十,所遭不偶,学殖荒落,卜得城南废圃,将葺茅舍数椽,为养母读书终焉之计,间以余闲临古人名迹,当卧游可乎?'先生曰:'可!地有山乎?'曰:'无之,但前后夹水,隔水蜀冈,蜿蜒起伏,尽作山势,环四面柳万屯,荷千余顷,萑苇生之,水清而多鱼,渔棹往来不绝。春夏之交,听鹂者往焉。以衔隋堤之尾,取道少纤,游人不恒过,得无哗。升高处望之,迷楼、平山皆在项臂,江南诸山,历历青来。地盖在柳影、水影、山影之间,无他胜,然亦吾邑之选矣。'先生曰:'是足娱慰。'因书'影园'二字为赠。甲戌放归,值内子之变,又目眚作楚,不能读,不能酒,百郁填膺,几无生趣。老母忧甚,令予强寻乐事,家兄弟亦从臾葺此,盖得地七八年,即庀材七八年,积久而备,又胸有成竹,故八阅月而粗具。

　　"外户东向临水,隔水南城,夹岸桃柳,延袤映带,春时舟行者呼为'小桃源'。入门,山径数折,松杉密布,高下垂荫,间以梅、杏、梨、栗。山穷,左茶藤架,架外丛苇,渔罟所聚;右小涧,隔涧疏竹百十竿,护以短篱,篱取古木槎牙为之。围墙甃以乱石,石取色班似虎皮者,俗呼'虎皮墙'。小门二,取古木根如虬蟠者为之。入古木门,高梧十余株,交柯夹径,负日俯仰,人行其中,衣面化绿。再入门,即榜'影园'二字。此书室耳,何云园?古称附庸之国为'影',左右皆园,即附之得名,可矣。转入窄径,隔垣梅枝横出,不知何处。穿柳堤,其灌其栵,皆历年久苕之华,盘盘而上,垂垂而下。柳尽,过小石桥,亦乱石所甃,虎卧其前,顽石横亘也。折而入草堂,家冢宰元岳先生题曰'玉勾草堂',邑故有'玉勾洞天',或即其处。堂在水一方,四面池,池尽荷,堂宏敞而疏,得交远翠,楣楯皆异时制。背堂池,池外堤,堤高柳,柳外长河。河对岸亦高柳,阎氏园、冯氏园、员氏园,皆在目。园虽颓而茂竹木,若为吾有。河之南通津,津吏闸之。北通古邗沟、隋堤、平山、迷楼、梅花岭、茱萸湾,皆无阻,所谓'柳万屯',盖从此逮彼,连绵不绝也。鹂性近柳，柳多而鹂喜，歌声不绝，故听鹂者往焉。临流别为小阁，曰'半浮'。半浮水也，专以候鹂。或放小舟迓之，舟大如莲瓣，字曰'泳庵'，容一榻、一几、一茶炉。凡邗沟、隋堤、平山、迷楼诸胜，无不可乘兴而往。堂下旧有蜀府海棠二，高二丈，广十围，不知植何年，称江北仅有，今仅存一，殊有鲁灵光之感。迤池以黄石砌高下磴，或如台，如生水中，大者容十余人，小者四五人，人呼为'小千人坐'。趾水际者，尽芙蓉；土者，梅、玉兰、垂丝海棠、绯白桃；石隙种兰蕙、虞美人、良姜、洛阳诸草花。渡池曲板桥，赤其栏，穿垂柳中，桥半蔽窥，半阁、小亭、水阁不得通，桥尽石刻'淡烟疏雨'四字，亦家冢宰题，酷肖坡公笔法。

"入门曲廊，左右二道，左入予读书处，室三楹，庭三楹，虽西向，梧、柳障之，夏不畏日而延风。室分二，一南向，觅其门不得，予避客其中。窗去地尺，燥而不湿。窗外方墀，置大石数块，树芭蕉三四本，莎罗树一株，来自西域，又秋海棠无数，布地皆鹅卵石。室内通外一窗作栀子花形，以密竹帘蔽之，人得见窗，不得门也。左一室东向，藏书室上，阁广与室称，能远望江南峰，收远近树色。流寇震邻，醵使邓公乘城，谓阁高可瞰，惧为贼据。予闻之，一夜毁去，后遂裁为小阁一楹，人以为小更加韵。庭前选石之透、瘦、秀者，高下散布，不落常格，而有画理。室隅作两岩，岩上多植桂，缭枝连卷，溪谷崭岩，似小山招隐处。岩下牡丹，蜀府垂丝海棠、玉兰、黄白大红宝珠茶、磬口腊梅、

影园遗址

295

千叶榴、青白紫薇、香橼,备四时之色,而以一大石作屏。石下古桧一,偃蹇盘蹙,拍肩一桧,亦寿百年,然呼'小友'矣。石侧转入,启小扉,一亭临水,菰芦羃羃,社友姜开先题以'菰芦中'。先是,鸿宝倪师题'潒翠亭',亦悬于此。秋,老芦花白如雪,雁鹜家焉。昼去夜来,伴予读,无敢欢呶。盛暑卧亭内,凉风四至,月出柳梢,如濯冰壶中。薄暮望冈上落照,红沉沉入绿,绿加鲜好,行人映其中,与归鸦相乱。小阁虽在室内,室内不可登,登必迂道于外,别为一廊,在入门之右。廊凡三周,隙处或斑竹,或蕉,或榆以荫之。然予坐内室,时欲一登,懒于步,旋改其道于内。由'淡烟疏雨'门内廊右入一复道,如亭形,即桥上蔽窥处,亦曰亭,拟名'湄荣':临水,如眉临目,曰'湄';接屋为阁,曰'荣'。窗二面,时启闭。亭后径二,一入六方窦,室三楹,庭三楹,曰'一字斋'。先师徐硕庵先生所赠,课儿读书处。庭颇敞,护以紫栏,华而不艳。阶下古松一、海榴一,台作半剑环,上下种牡丹、芍药,隔垣见石壁二松,亭亭天半。对六方窦为一大窦,窦外又曲廊,丛箓依依朱槛,廊俱疏通,时而密致,故为不测,留一小窦,窦中见丹桂,如在月轮中,此出园别径也。半阁在'湄荣'后,径之左,通疏廊,即阶而升,陈眉公先生曾赠'媚幽阁'三字,取李太白'浩然媚幽独'之句,即悬此。阁三面水,一面石壁,壁立作千仞势,顶植剔牙松二,即'一字斋'前所见,雪覆而欹其一,欹益有势。壁下石涧,涧引池水入,畦畦有声。涧傍皆大石,怒立如斗。石隙俱五色梅,绕阁三面,至水而穷,不穷也,一石孤立水中,梅亦就之,即初入园隔垣所见处。阁后窗对草堂,人在草堂中,彼此望望,可呼与语,第不知径从何达。大抵地方广不过数亩,而无易尽之患,山径不上下穿,而可坦步,皆若自然幽折,不见人工。一花、一竹、一石,皆适其宜。审度再三,不宜,虽美必弃。别有余地一片,去园十数武,花木豫蓄于此,以备简绌。荷池数亩,草亭峙其坻,可坐而督灌者。花开时,升园内石磴、石桥,或半阁,皆可见之。渔人四五家错处,不知何福消受。诗人王先民结'宝蕊栖'为放生处,梵声时来。先民死,主祀其中,社友阎舍卿护之,至今放生如故。先民,吾生友也,今犹比邻,且死友矣。

　　"是役八月粗具,经年而竣,尽翻陈格,庶几有朴野之致。又以吴友计无否善解人意,意之所向,指挥匠石,百不一失,故无毁画之恨。先是,老母梦至一处,见造园,问:'谁氏者?'曰:'而仲子也。'时予犹童年。及是鸠工,老母至园劳诸役,恍如二十年前梦中,因述其语,知非偶然,予即不为此,不可得也。然则玄宰先生题以'影'者,安知非以梦幻示予,予亦恍然寻其谁昔之梦而已。夫世人争取其真而遗其幻,今以园与田宅较之,则园幻;以灌园与建功立名较之,则灌园幻。人即乐为园,亦务先其田宅、功名,未有田无尺寸,宅不加拓,功名无所建立,而先有其园者。有之,是自薄其身,而隳其志也。然有母不遑养，有书不遑读，有怡情适性之具不遑领，灌园累之乎？抑田宅、功名累之乎？我不敢知，虽然，亦各听于天而已。梦固示之，性复成之，即不以真让而以幻处，夫孰与我？崇祯丁丑清和月，邗上郑元勋自记。"

《扬州画舫录》卷八："公（郑超宗）童时，其母梦至一处，见造园。问：谁氏？曰：而仲子也。比长，工画，崇祯壬申，其昌过扬州，与公论'六法'。值公卜筑城南废园，其昌为书'影园'额。营造逾十数年而成。其母至园中，恍然乃二十年前梦中所见也。"

《扬州名胜录》卷三："园为超宗所建。园之以'影'名者，董其昌以园之柳影、水影、山影而名之也。百余年来，遗址犹存。……而影园门额，久已亡失。今买卖街萧曳门上所嵌之石，即此园物也。"

刘梅先诗：

> 影园牡丹花放黄，斗诗冠绝酬金觞。莫将吟咏等闲视，宾主先后成国殇。

231.秋雨庵

庵在南门外古渡桥北。

《扬州画舫录》卷八："秋雨庵本里人杨氏出家之地，临潼张仙洲感于梦，构为庵，名曰扫垢精舍。康熙五年，灵隐大殿落成后，八月十三日，早落月中桂子，浙僧戴公过扬州，遗四五粒于庵中种之，因又改名金粟庵。庵四围皆竹，竹外编篱，篱内方塘，塘北山门，门内大殿三楹，院中绿萼梅一株，白藤花一株，缘木而生。两庑各五楹，环绕殿之左右。后楼五楹，为方丈。庵左为桂园，园中桂树是月中种子，花开皆红黄色。右为竹圃，又名笋园，园中有六方亭，名曰竹亭，张世进、士科诸人皆有竹亭诗。"

民国《江都县续志》卷十二："循扫垢山西行，旧有精舍一区，在丛灌中。曲房连筳，修亭爽榭。春秋佳日，游屐甚众。……金兆燕有《金粟庵记》，见旧志。乾隆中改名秋雨庵，运使卢见曾题额。嘉庆十二年，阮文达公倡捐重缮，用以收藏拾骨，复为题额，并作《秋雨庵埋骸碑记》勒石，文详府志。兵燹后庵毁，今败屋数椽，蒿莱满目，聊蔽风雨而已。"

232.九峰园

园在南门外砚池西北，称九莲庵旧址。何煜初建。汪玉枢改建，称"南园"。乾隆二十六年（1761），得太湖玲珑峰石九尊矗立园内，次年皇帝赐名"九峰园"。现为荷花池公园。

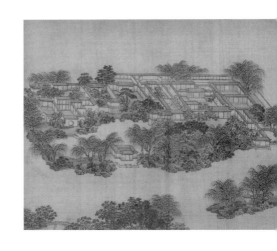

园中旧有深柳读书堂，堂前集杜甫、薛逢诗联："会须上番看成竹；渐拟清阴到画堂。"

《平山堂图志》卷二："九峰园，旧称南园，世为汪氏别业，中大夫玉枢与其子主事长馨益加辟治。乾隆二十七年（1762），我皇上临幸，赐今名，又赐'雨后兰芽犹带润；风前梅朵始敷荣''名园依绿水；野竹上青霄'二联。"

《广陵名胜图》："九峰园，在城南，旧称'砚池染翰'。前临'砚池'，旁距'古渡桥'，老树千章，四面围绕。世为汪氏别业，即用主事加捐道汪长馨屡加修葺。得太湖石九于江南，殊形异状，各有名肖。有'雨花庵'，内奉大士像。皇上屡经临幸，赐藏香以供。又有海桐书屋、深柳读书堂、谷雨轩、玉玲珑馆。近池水为亭，曰'临池'。其右数折，新建一堂，恭备坐起。再右为风漪阁，阁前为水厅。开窗四望，据一园之胜。乾隆二十七年，蒙赐御书'九峰园'额，并'雨后兰芽犹带润；风前梅朵始敷荣'一联；又'名园依绿水；野竹上青霄'一联。三十年，蒙赐'纵目轩窗饶野趣；遣怀梅柳入诗情'一联。四十五年，又赐御书墨刻，及大士前藏香、搭袱。四十八年，增建邃室数重。又于雨花庵西，临水置半阁。"

《扬州画舫录》卷七："砚池染翰，在城南古渡桥旁。歙县汪氏得九莲庵地，建别墅曰'南园'。有深柳读书堂、谷雨轩、风漪阁诸胜。乾隆辛巳（1761），得太湖石九于江南，大者逾丈，小者及寻，玲珑嵌空，窍穴千百。众夫辇至，因建澄空宇、海桐书屋，更围雨花庵入园中，以二峰置海桐书屋，二峰置澄空宇，一峰置一片南湖，三峰置玉玲珑馆，一峰置雨花庵屋角，赐名'九峰园'。御诗二，一云：'策马观民度郡城，城西池馆暂游行。平临一水入澄照，错置九峰出古情。雨后兰芽犹带润，风前梅朵始敷荣。忘言似泛武夷曲，同异何妨细致评。'一云：'观民缓辔度芜城，宿识城南别墅清。纵目轩窗饶野趣，遣怀梅柳入诗情。评奇都入襄阳拜，笔数还符洛社英。小憩旋教追烟舫，平山翠色早相迎。'注云：'园有九奇石，因以名峰，非山峰也。'"

《浮生六记》卷四："九峰园，另在南门幽静处，别饶天趣，余以为诸园之冠。"

《扬州览胜录》卷五："本名南园，题其景曰'砚池染翰'。……道咸后园毁。民国初年城内建公园，辇一大峰石去。今公园迎曦阁前之大峰石与北郊徐园内

南园遗石

荷花池公园

荷花仙女塑像

之小峰石，俱系九峰园故物。其余数峰则不知移于何所矣。”

《芜城怀旧录》卷三："南门外九峰园，奇石有九，后择其尤者二石，移入北海。金雪舫诗云：'洗砚池边绿水湾，海桐树里闭花关。九峰园有玲珑石，移向金鳌玉蝀间。'昔赵瓯北陪松崖漕使宴集九峰园，有诗云：'九峰园中一品石，八十一窍透寒碧。传是老颠昔所遗，其余八峰亦奇辟。'民国后存有一峰，移置公园。"

九峰园诗文酒会，盛极当时，有《城南宴集诗》存世。

弘历撰书

　　红梅翠竹天然绘；妙理清机不尽吟。

谷雨轩

　　晓艳远分金掌露；(韩琮)夜风寒结玉壶冰。(许浑)

延月室

　　开帘见新月；(李端)倚石听流泉。(李白)

烟雨吟廊

　　阶墀近洲渚；(高适)亭院有烟霞。(郭良)

风漪阁

　　隔岸春云邀翰墨；(高适)绕城波色动楼台。(温庭筠)

玻璃厅·弘历撰书

　　纵目轩窗饶野趣；遣怀梅柳入诗情。

海桐书屋

　　峭壁削成开画障；(吴融)垂杨深处有人家。(刘长卿)

东大门·伊秉绶书匾(集字) 荷花池公园·熊百之集清人句书

　　平明一水入澄照；错置九峰出古情。

砚池染翰·熊百之书匾　砚池染翰·旧联　葛昕书

　　高树夕阳连古巷；(卢纶)小桥流水接平沙。(刘兼)

玉玲珑馆·卞雪松书匾　玉玲珑馆·旧联　翁伏深书

　　北榭远峰闲即望；(薛能)南园春色正相宜。(张谓)

一片南湖·剑石书匾　一片南湖·旧联　阮衍云书

　　层轩皆面水；(杜甫)芳树曲迎春。(张九龄)

临池亭·铁石书匾　临池亭·旧联(无款)

　　古调诗吟山色里；(赵嘏)野泉声入砚池中。(杜荀鹤)

233.九莲庵

庵在南门外,为"海桐书屋"旧址。

民国《江都县续志》卷十二:"即'古二分明月庵'。顺治初,宏觉国师道忞建,取唐人'古渡月明闻棹歌'句意名之。自庵围入'九峰园'内,遂不复重建。光绪十七年,僧妙海于旧城隋文选楼北乌衣巷口编茅为屋,嵌石于门曰'古九莲庵',与此别。"

234.迎薰桥

现为市级文物保护单位,位于南门外大街北首,南北向横跨于南护城河上。原为吊桥,清代改建为砖桥,清光绪七年(1881)、1923年维修。砖拱结构,桥面长7.05米、宽5.5米,两侧为砖砌桥栏,上镶"迎薰桥""清光绪七年修"石额题记。

迎薰桥

竹西亭边花留倩影
月明桥下柳拂清波

城外

235.古邗沟遗迹

　　位于城北螺丝湾桥至黄金坝,现为市级文物保护单位。邗沟又称邗江、邗溟沟、中渎水。春秋末周敬王三十四年(前486)吴王夫差在邗城下开凿,以沟通江淮,为我国最早人工运河,今成古运河最早一段。螺丝湾桥至黄金坝东西向一段为古邗沟遗迹,长约1450米,宽50—60米,两侧淤积层约20—25米,当中沟床现为10米左右。中段有"邗沟桥"跨水上,桥南原有大王庙。

古邗沟遗迹

236.华祝迎恩

园在城东北高桥至迎恩桥亭近处,为迎乾隆帝南巡所建。

《广陵名胜全图》:"由香阜寺,渡运河而西,至高桥。桥内为迎恩河。桥外有坝,所以蓄迎恩河之水也。乘舟而西,约二里许,抵迎恩桥。春风两岸,水木清华,百伎杂陈,千声竞奏。商民于此,仰万乘之龙鸾,沐九天之雨露。自此曲折溯流,纷纶引胜。"

《扬州画舫录》卷一:"华祝迎恩为八景之一。自高桥起至迎恩桥止,两岸排列档子,淮南北三十总商分工派段,恭设香亭,奏乐演戏,迎銮于此。档子之法,后背用板墙蒲包,山墙用花瓦,手卷山用堆砌包托,曲折层叠青绿太湖山石,杂以树木,如松、柳、梧桐、十日红、绣球、绿竹。分大中小三号,皆通景像生。工头用彩楼、香亭三间五座、三面飞檐,上铺各色琉璃竹瓦,龙沟凤滴。顶中一层,用黄琉璃。彩楼用香瓜铜色竹瓦,或覆孔雀翎,或用棕毛。仰顶满糊细画,下铺棕,覆以各色绒毡。间用落地罩、单地罩、五屏风、插屏、戏屏、宝座、书案、天香几、迎手靠垫,两旁设绫锦绥络香襆。案上炉瓶五事,旁用地缸栽像生万年青、万寿蟠桃、九熟仙桃及佛手香橼盘景。架上各色博古器皿书籍。次之香棚,四隅植竹,上覆锦棚,棚上垂各色像生花果草虫。间以幡幢伞盖,多锦缎、纱绫、羽毛、大呢之属,饰以博古铜玉。中用三层台、二层台、平台三机四杈,中实蟆铁,每出一干,则生数节,巨细尺度必与根等。上缀孩童衬衣,红绫袄袴,丝绦缎靴,外扮文武戏文,运机而动。通景用音乐锣鼓,有细吹音乐、吹打十番、粗吹锣鼓之别。排列至迎恩亭,亭中云气往来,或化而为嘉禾瑞草,变而为矞云醴泉。"

237.麦粉厂旧址

厂址位于便益门街、运河西岸,建于 20 世纪 30 年代。扬州麦粉厂为扬州近代工业起步见证,俗称为扬州早期两爿半工厂之一。大楼建筑中西合璧,南向,砖木结构,面阔九间,进深四间。今存该厂当年使用德国西门子发电机一台。该建筑是扬州仅存近代工业遗产,现为省级文物保护单位。

麦粉厂旧址

238.竹西芳径

该园在城北五里蜀冈上,面临邗沟。

《广陵名胜图》:"上方寺,一名禅智寺,又名竹西寺。旧藏石刻唐吴道子画宝志像、李白赞、颜真卿书,亦称'三绝碑',岁久石泐。今存者,明僧本初所重刻也。又有苏轼送李孝博诗石刻,在壁间。寺旁为'竹西亭',唐杜牧诗'谁知竹西路,歌吹是扬州',亭之名以此。宋郡守向子固,改'歌吹亭'。每天日晴朗,遥睇江南诸山,如在襟带间。亭西有昆邱台,相传宋欧阳修游观之所。候选直隶州知州尉涵,历年屡加修建。竹西亭后多隙地,乔木森立,皆数百年旧物。今复即其地为别院,穿池垒石,丘壑天然。门庑堂室毕具,其北则峙以高楼。楼右有泉,亦称'第一泉'。泉在石间,建方厅对之,寺中名胜之一也。"

《扬州画舫录》卷一:"竹西芳径在蜀冈上。冈势至此渐平,《嘉靖志》所谓'蜀冈迤逦,正东北四十余里,至湾头官河水际而微'之处也。上方禅智寺在其上,门中建大殿,左右庑序翼张,后为僧楼,即正觉旧址。左序通芍药圃,圃前有门,门内五楹。中为甬路,夹植槐榆。上为厅事三楹,左接长廊,壁间嵌三绝碑,为吴道子画宝志公像,李太白赞,颜鲁公书,后有赵子昂跋。岁久石泐,明僧本初重刻。又苏文忠公'次伯固韵送李孝博诗'石刻。廊外有吕祖照面池。由池入圃,圃前有泉在石隙,志曰蜀井,今曰第一泉。寺有八景:在寺外者,月明桥一,竹西亭二,昆丘台三;在寺内者,三绝碑一,苏诗二,照面池三,蜀井四,芍药圃五。"

《扬州览胜录》卷四:"禅智寺即上方寺,一名竹西寺,在便益门外五里。地居蜀冈上,冈势至此渐平。寺本隋炀帝故宫。唐张祜诗云:'人生只合扬州死,禅智山光好墓田。'谓此。《绍熙志》:'杨吴时,徐知训与其主隆演泛舟浊河,赏花禅智寺',即此地。清康熙乙巳,王文简解司理任,七月会诸名士,祖道禅智寺硕拨方丈,是为渔洋山人《禅智唱和集》,又名《禅智别录》。文简有'四年只饮邗江水,数卷图书万首诗'句。乾隆乙酉,高宗南巡,策马幸寺,题额曰'竹西精舍'。咸丰兵燹,寺毁。光绪末年,寺僧始募建正觉堂五楹并旁舍十余间,旧时楼殿尚未修复。寺旧有八景:在寺外者为月明桥、竹西亭、昆丘台诸景,在寺内者为三绝碑、石刻苏诗、吕祖照面池、蜀井、芍药圃诸景,今所存者惟三绝碑与蜀井。碑刻吴道子画宝志公像,李太白赞,颜真卿书,故曰'三绝'。后有赵子昂跋。岁久石泐。今嵌壁间者为明僧本初重刻。蜀井一名第一泉,在寺后,有石刻'第一泉'三大字碑立泉侧。"

马曰琯《竹西亭寒眺》:"瘦竹已娟娟,虚亭有数椽。岚光出远树,帆影落平田。斜日怜新构,高吟入暮天。樊川魂在否,可得起寒烟。"

江昱《竹西方亭落成,陪雅雨使君宴集》:"小杜传佳句,千秋复此亭。迹依萧寺旧,檐揖远山青。歌吹人何处?风流地有灵。桥头明月好,肯放酒杯停?"

地方志有记:"本隋炀帝之离宫。帝常于夜间梦游兜率宫,听阿弥陀佛说法,遂舍为佛寺。"

竹西寺于咸丰三年(1853)毁于兵火。后僧人重新募建,抗日战争时又毁。今扬州城北有竹西路,竹西寺遗址南有竹西公园。

又有楹联如下:

门厅·林散之书匾　竹西公园·李圣和撰书

是千秋妙境,歌吹沸天,料今朝俊侣同游,共喜繁华胜昔;

看十里春风,芳菲照眼,倘此日杜郎重到,当惊世界全殊。

山光溪影堂·李圣和书匾　山光溪影堂·李亚如撰书

深树映斜阳,林光欲泻;碧波绕曲岸,花气方浓。

壬卯秋日,七五叟李亚如撰句并书于扫垢山庄

庆余堂·徐有清书匾　庆余堂·小山墨人撰书

竹西亭边花留倩影;月明桥下柳拂清波。

岁于乙亥年,江夏小山墨人书

竹西精舍·王板哉书匾　竹西精舍·李亚如撰书

竹西公园牌坊

绿水绕虚堂,听柳下蝉鸣、花间滴露;苍苔点曲径,看苇边鹭涉、竹荫生烟。

辛未春日,李亚如撰句并书

醉春苑·潘新吾书匾　平湖玉镜(无款)

静坐隐闲得幽处;清游寻芳快此生。

弘历撰书

慧草阶前亦生意;德山户外自佳邻。

239.蜀井

现为市级文物保护单位,位于扬州东北郊上方寺遗址内。上方寺即唐禅智寺,一名竹西寺,唐张祜诗句"人生只合扬州死,禅智山光好墓田"即指此。井在寺后,亦名"第一泉",原有"第一泉"石碑立于井边,今碑已不见。原井栏不存,今为后建。方形青石井台,井壁砖砌。

蜀 井

240.汪中墓

汪墓现为市级文物保护单位,位于城北上方寺侧叶家桥。汪中(1744—1794),清哲学家、文学家、史学家,江都(今扬州)人,字容甫。一生从事学术研究,汉学上被誉为"通儒","扬州学派"杰出代表之一,著有《广陵通典》《述学》内外篇等。原墓遭毁,1984年修复。墓前砖铺墓道,正中粉墙黛瓦牌坊一座,上嵌"汪中墓"石额。后为墓台,台上墓冢高约2米,前立墓碑,刻隶书"大清儒林汪君之墓"8字,为清书法家伊秉绶所题。墓区植松柏。

汪中墓

241.茱萸湾古闸区

该处现为市级文物保护单位,位于湾头镇。建于清代,光绪二十八年(1902)重建。两岸尚存石岸长200米,青石砌成,每块青石之间均用银锭形铁件榫铆。闸东西两岸建有砖砌券门,券门上石额分别刻有阮元题"古茱萸湾"及"保障生灵"。闸区有老街一条,基本保持原有风貌。闸南岸传有太平天国遵王赖文光拴马石。与茱萸湾公园形成旅游线。

茱萸湾老街

茱萸湾古闸区

242.迁隐园

该园在南乡茱萸湾东侧。

《广陵思古编》卷七《迁隐堂记》："吾乡南郊,旧有迁隐园,为前明叶侍郎迁湖退休之地。数百年来,遗迹杳然。或谓园临大河之滨,因浚新河,故毁之。然究无可考,而邑志犹载之甚详。侍郎裔孙襄墀上舍,霜林先生犹子也。尝求园之故址而弗得,遂构屋数椽于茱萸湾之东,颜其堂曰'迁隐',盖不忘祖德云。迎其贞寿祖太夫人暨母夫人就养其中。宅畔多种花为业者,每当春秋佳日,偕其子若弟,奉板舆遍游于诸种花者家。江鸟溪云,时为孝子顺孙养志之助,以之为隐,迁乎? 否乎? 乃者祖太夫人年逾百龄,犹康强逾畴昔,客有登堂拜母者,咸与之睹光仪焉。洵盛事也,是不可以不记。"

243.城隍庙

庙址现为市级文物保护单位,位于堡城中心小学,即唐衙城所在。现存大殿系清光绪间(1875—1908)重建,坐北朝南,单檐硬山顶,面阔五间,进深九檩。1985年维修,装修已改,为蜀冈-瘦西湖风景名胜区内文物景点。

城隍庙

244.天山汉墓

　　汉墓现为省级文物保护单位,原位于高邮市天山乡,1982年经省政府决定迁至扬州市区相别桥建馆保护。天山汉墓包括广陵国第一代广陵王刘胥及王后墓两座墓葬,属大型岩坑竖穴、有斜坡墓道"黄肠题凑"式木椁墓,系夫妇同茔异穴合葬墓。广陵王墓由墓道、墓坑、木椁墓组成。墓道总长53米,原墓坑深约24米。墓椁南北长16.65米,东西宽14.28米,通高4.5米,面积237平方米,它由外藏椁、黄肠题凑、东厢和西厢、中椁、内椁(便房、梓宫)组成。王后墓亦为"黄肠题凑"式木椁墓,在结构上略有区别,虽无外藏椁,但增设了车马椁。墓材均用珍贵楠木,规模宏大,结构严谨。部分构件有标明名称与方位的漆书或凿刻文字,如"广陵船材板广二尺"等内容。出土漆器、木雕等随葬品制作精良,特别是漆榻和成套浴具,为汉代墓葬中少见。现建为汉广陵王墓博物馆对外开放。

天山汉墓地宫

中椁

内椁

西厢

东厢

黄肠题凑

外藏椁

黄肠题凑

315

245.铁佛寺

该寺现为市级文物保护单位,位于城北乡卜杨村佘田组。相传本为五代杨行密故居。杨行密(852—905),庐州合肥(今安徽合肥)人,五代时建立吴国。后舍宅为寺,宋建隆间(960—963)寺铸铁佛,更今名。清咸丰三年(1853)毁,同治间重修未复旧观。现仅存后殿三间,东部僧房五间,占地约200平方米。后殿单檐硬山顶,进深九檩,1989年维修。殿东壁嵌有《广参和尚行迹》石碑。

铁佛寺

246.北渚阮公楼

园又名"湖光山色阮公楼"。

《北湖续志》卷三阮元《九窗九咏诗序》中说:"嘉庆年间,元构二楼,一在雷塘墓庐,一在道桥家祠之右。焦理堂姊夫昔题塘楼曰'阮公楼',桥楼乃'北渚'。二叔亲视结构。楼方四丈余,四面共九窗。二叔与星垣侄拟分景:一东南曰'晓帆古渡',二南东曰'隔江山色',三南西曰'湖角归渔',四西南曰'墓田慕望',五西中曰'松楸叠翠',六西北曰'花庄观获',七北西曰'夕阳归市',八北东曰'桑榆别业',九东北曰'斋心庙貌'。桑榆、杨柳六十八株,霜后红叶满窗,与朝阳落照掩映。树外围墙数十丈,墙外即家中蔬圃。圃外渐近湖,有渔渡船矣!雨后清霁,及见隔江山色,即谓之'湖光山色楼'。……湖光山色楼,本在赤岸湖先将军草堂,久毁于水;阮公楼,本在雷塘。今此九窗楼,即题曰'湖光山色阮公楼'七字扁,兼之矣!"

有阮元楹联:

书斋·阮元撰书

烟禁宜严,免得银荒兵弱;海防需紧,保障国泰民安。

【注释】1817年,阮元54岁,任两广总督。阮元在广州干了两件大事:查禁鸦片和加强海防。写成对联挂在书房,警示之。

文选楼·伊秉绶撰书

七录旧家宗塾；六朝古巷选楼。

福寿庭·匾额　福寿庭

三朝阁老；一代伟人。三朝阁老；九省疆臣。

万柳堂二副

阮元集句并书

君子来扬贯及柳；(《石鼓文》句)牧人乃梦众唯鱼。(《毛诗》句)

阮鸿撰书

长寿老人观种柳；太平宰相自归田。

桑榆别业

百岁老人谈旧事；一庭新绿煮春茶。

湖光山色楼·阮元撰书

甓社湖光从北至；甘泉山色自南来。

247.养志园

该园在司徒庙西北，为清代同治年间淮扬兵备道于昌遂所建。

《题襟馆倡和集》卷三载于昌遂《养志园消夏诗》："当暑卧北窗，殊胜饮河朔。炎熇扰群动，世堕烦恼浊。……旧荒遽泯迹，新植率盈握。竹活影翠交，荷香柄青卓。掀风茅露脊，注雨土生角。塘沫鲋破卵，檐墙雀攒啄。晒庭绿如揩，窥林丹既渥。坠果蚁群穴，骇蝶儿潜捉。……连阜互蜿蜒，孤亭最卓荦。近瞻金在镕，遐觇玉韫璞。……草根虫呦呦，阶下雏喔喔。有情竞发机，无味始耐欻。长啸声振户，四顾天似幄。辽阔回秋焱，万景去雕琢。"

《题襟馆倡和集》卷一又有于昌遂《规塘新种荷花盛开用蝯叟种竹韵》："凿池象阙月，积潦才半竿。方春种藕苗，水活根易安。茄蒩忽离立，竦若青琅玕。南风吹菡萏，拆瓣分双单。红霞冒屋脊，素月县檐端。流光耀堂壁，活色输边鸾。言采房中药，为糜充夕餐。不愁风浪起，止水无鲵桓。虽非远公社，一家话团栾。为语谢康乐，慎无走马看。"

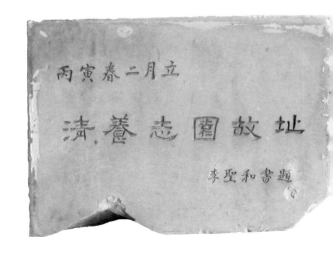

248.静慧寺

园在南门外坛巷。先名"静慧寺",后以寺名"静慧园"。

《扬州名胜录》卷三:"静慧寺本席园旧址,顺治间僧道忞木陈居之。御书'大护法不见僧过,善知识能调物情'一联,七言诗一幅。康熙间赐名'静慧园'。……寺周里许,前有方塘,后有竹畦,树木蒙翳,殿宇嵯峨,木陈塔在其中,为南郊名刹。"

康熙四十六年(1707),皇帝玄烨临幸,有《幸静慧园》诗:"红栏桥转白蘋湾,叠石参差积翠间。画舸分流帘下水,秋花倒影镜中山。风微瑶岛归云近,日落青霄舞鹤还。乘兴欲成兰沼咏,偶从机务得余闲。"

当时,大画师石涛,约在1673年间,寓于此寺。因道忞乃其师祖之故。画师因绘有《苦瓜和尚采药图》,流传于世。

有玄烨联句一副:

玄烨撰书

　　真成佛国香云界;不数淮山桂树丛。

249.福缘寺

园在南门外运河南岸。

民国《江都县续志》卷十二:"福缘禅寺,在南门外官河南岸。本名福缘庵。明崇祯间僧明道(一作德宗)开为丛林。顺治间赐名'福国寺'。两淮盐漕御史杨文愿为建然灯佛阁。雍正元年住持僧济生(一作元度)增建万佛楼三层。济生卒,寺僧为建塔院于寺右。刑部尚书张照作塔铭,勒石。乾隆十六年高宗巡幸过寺,僧超宗迎跸,奏对称旨,特书'福缘寺'额赐之。二十年,两淮商总毕仲言重修。四十九年,怡亲王宏䁆驻寺,与住持僧佛尘问答如夙契,回京后赍赐'法雨香风'匾额,并《藏经》全部,由驿驰颁,异数也。嘉庆初,楼毁。僧明见复建。咸丰兵火,寺毁于贼。同治初,寺僧默斋发愿复建,行化十有三年。……今方丈信林复踵前绪,营建楼殿堂庑。又于楼后培土累石为山,种竹其上。筑室以供游览。宏戒讲经,诵习不辍,骎骎成名刹焉。"

龙衣庵

250.龙衣庵

现为市级文物保护单位,位于南门外新河湾。旧本草庵,相传因清康熙帝遇雨于此晾衣而得名。乾隆三十二年(1767)重修。咸丰时圮,后重建。现存建筑前后二进,坐北朝南,占地面积约 400 平方米,后进殿房硬山造,面阔五间,进深七檩。殿前两侧为廊房,北有古银杏两株。为古运河南线上文物景点。

251.文峰寺塔

现为省级文物保护单位,位于宝塔湾运河边。始建于明万历十年(1582),清代重修塔刹和腰檐,至 1957 年又修缮。塔七层八面,楼阁式,砖木结构。塔基为石筑须弥座,腰檐平座环绕,每层四面相闪开拱门。塔壁 1—6 层平面为内方外八角形,塔室层层调换 45 度交错而上,上下重叠似八角形;达第 7 层内外壁统一为八角形。塔尖八角攒尖式,最上铸铁塔刹。塔下文峰寺,有前殿、后殿及东西廊房等清代建筑。今修缮一新,为宗教活动场所。

嘉庆《重修扬州府志》卷二十八:"文峰寺,官河南岸。明万历十年,知府虞德华建七级浮图,并建寺。兵部侍郎王世贞为之记,则曰:僧镇存托钵维扬三年而塔成,大中丞邵公榜曰'文峰塔'。国朝康熙戊申夏六月,地大震,塔尖坠地。明年己酉,天都闵象南捐资重葺,得良材,较旧尖高一丈五尺。阅半载,乃成。尖合后,大放毫光,万缕千丝,盘旋而上。

文峰寺塔

水陆之人,皆仰瞻惊叹。"

有楹联如下:

劫火能逃树出屋;文风不堕塔如峰。

灵秀孕璇玑,数仞宫墙同仰止;文明资砥柱,万方兵革此登临。

徐鼒撰书

玉槛流光,淮水晓霁;金铃自语,梵殿风高。

252.秦园

园在南乡运河故道西,与九龙桥相近。

《扬州览胜录》卷五:"其先本黄氏所辟,后归汪氏。清乾隆中年,秦西岩观察购为家园。载在嘉庆《江都县续志》。园内故多丛桂,观察里居时,文酒之宴,至秋尤盛。咸丰间毁于兵燹,仅存群房数间,秦氏子孙俾佃户看守。园基广约三十亩,四面绿水回环,称为胜境。沿南门外官河乘小舟,可直达园之门首。今观察玄孙午楼兄弟拟修复先世故迹,收回园基,广植竹木果树,种花养鱼,并筑草堂数间,为退休之所,且可为城南风景区添一佳境。他日落成,余当泛舟而往,寻午楼于云水寂寞之乡。"

253.南庄

南庄在南乡霍家桥南,乾隆时盐商巨子马曰琯、马曰璐别墅。

民国《江都县续志》卷十三:"地当江汉,幽僻疏旷。有青畚书屋、卸帆楼、庚辛槛、春江梅信、君子林、小桐庐、鸥滩诸胜。厉樊榭、陈竹町诸名士,皆有诗。见府县志。今冯家桥南有大马桥,以马氏别墅得名,其园林遗址犹有存者。"

254.尔雅山房

园在城东南三十里翠屏洲,为阮亨所建。

民国《瓜洲续志》卷八载阮元《题曲江亭图诗序》:"扬州城东南三十里深港之南,焦山之北,有康熙间新涨之佛感洲,或名翠屏洲,诗人王柳村寓居之。丁卯秋,余与贵仲符吏部徵,梅叔弟亨屡过其地,梅叔买其溪上数亩地,竹木阴翳,乃构屋三楹、亭一笠于其中。柳村又从江上郭景纯墓载一佳石来，置屋中，予名之曰'尔雅山房'，又名其亭曰'曲江亭'，以此地乃汉广陵曲江，枚乘观涛处也。戊辰秋，柳村来游西湖，出'曲江亭图'，索题一首，以志旧游。"

255.锦春园

园原名"吴园"，在瓜洲城北。

《广陵名胜全图》："奉宸苑卿衔吴家龙旧园。乾隆十六年，欣蒙翠华临幸，赏赐嘉名，又赐御刻《三希堂法帖》一部。家龙之子候补道吴光政，谨筦钥之司，勤扫除之役，水石益鲜，花木弥茂，遂为江干名胜。"

《履园丛话》卷二十："锦春园在瓜洲城北，前临运河，余往来南北五十余年，必由是园经过。园甚宽广，有一池水，甚清浅，皆种荷花，登楼一望，云树苍茫，帆樯满目，真绝景也。"

有楹联两副：

弘历撰书

镜水云岑标道趣；轻黄嫩花绘春光。

镜里林花舒艳裔；云边楼阁隐神仙。

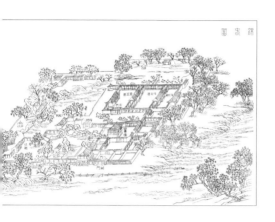

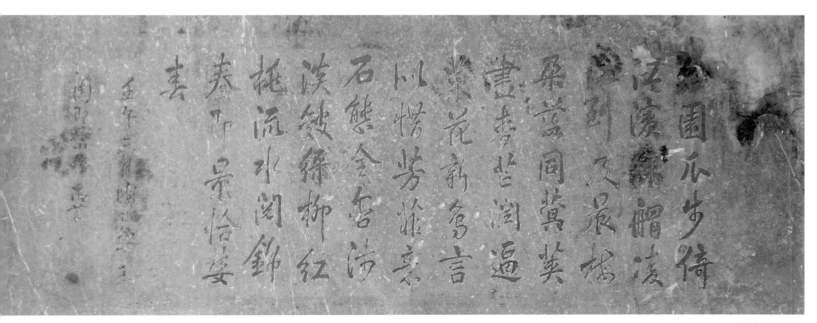

锦春园御碑

256.愉园

园在大桥镇东北,清代萧定方所建。

民国《江都县续志》卷十三:"在大桥镇东北二里许,地名萧家湾。聚族而居者,皆姓萧。乾隆时,州司马萧定方于宅之西偏,辟地十余亩,缭以周垣,累石为山,蒔花种竹,名曰'愉园'。有饮香室、惬素轩、眺远亭诸胜。一时名士,如李少白琪、张安甫春雷辈,咸觞咏其中。今园已荒废,惟饮香室前假山尚存。"

愉 园

东原草堂匾额

257.东原草堂

园在城东宜陵镇南,为宗元鼎隐居所。

《扬州画舫录》卷十:"宗元鼎,字定九,号梅岑,别号小香居士,兴化人。名世之孙,观之子。名世字良弼,居江都,万历己丑进士,任绍兴教授,行至梦笔桥,梦江淹授三笔曰:'俾尔三世享文名。'后官至工部主事,著《发蒙史略》《含香堂文集》。观字鹤问,副榜,以诗传。元鼎工诗,善才调集,与杨因之思本齐名。著有《芙蓉斋》《新柳堂》等集。善画,似钱舜举。晚年隐于宜陵,构东原草堂,有古梅一株,名'宗郎梅'。有《冬日草堂洗燕巢》诗盛传于世。手艺草花数十种,每辰担花向虹桥坐卖,得钱沽酒,市人笑之,谓之'花颠'。自著《卖花老人传》。文简与之友,尝画虹桥小景寄之。文简诗云:'辛夷花照明寒食,一醉虹桥便六年。好景匆匆逐流水,江城几度沈郎钱。'又云:'红桥秋柳最多情,露叶萧条远恨生。好在东原旧居士,雨窗着意写芜城。'"

民国《江都县续志》卷十三:"新柳堂,卖花老人宗元鼎之居,初在郡城西南隅,龚孝升为题榜。国初毁于兵,乃移居文选楼侧,继复迁东乡宜陵镇南。所居之堂,仍以'新柳'为名。距堂数武,复辟小园,曰'芙蓉别业',以其地为晋谢安'芙蓉旧墅'也。堂后旧有草屋三间,元鼎葺而新之,名'东原草堂'。"

258.白莒草堂

草堂在北乡白莒湖北,为吴少文太学读书处。

《北湖续志》卷三载焦廷琥《白莒草堂记》:"名胜甘泉之湖,在官河上岸者六:曰邵伯,曰新城,曰朱家,曰黄子,曰赤岸,曰白莒。黄珏桥在黄子湖南、白莒湖北,桥北有市,市北有白莒草堂,吴少文太学读书处也。草堂本面东三楹,面南三楹,室中床书连屋,庭间栽梅种菊,围之以阑。太学吟咏其中,讲贯于唐、宋诸名家者近三十年。所作诗数百首,家君选录之,为《白莒草堂诗钞》二卷,刻于嘉庆庚午六月。家君葺徐坦庵、罗然倩、范石湖词集为《北湖三家词钞》,太学刻之,里中耆旧赖以传焉。壬申冬,草堂毁于火,书版尽焚,群花半萎。癸酉之春,重葺面东三楹,两月而毕。复得谭经论艺,分韵联吟。其面南处隙地莳花,广纵盈亩,虽改旧观,而宏敞则过之矣。湖村风俗淳厚,相传宋、元人曾置别业于此,然不可考。顺治、康熙间,湖中文酒之会最盛,如文存庵之深柳堂,高苍岩之湖西别业,张虎臣之水楼,徐、施、毕、范四姓之畚芳社,孙滋九之柳庭,皆极水竹之趣。今百余年,旧址多不可寻,而前辈之流风遗韵,故老尚言之不衰,则风雅之系于一乡,岂浅也哉!余家有湖干草堂,为先高祖父文生公读书处,即今半九书塾。家君拓而葺之,于书塾中为雕菰楼、柘篱、红薇翠竹之亭、蜜梅花馆、倚洞渊九容数注易室、木兰冢、仲轩、花深少态簃,落成于庚午之冬,并作《霜天晓角》八阕,一时和者成帙。余家去白莒草堂半里,酒盏茶葫,迭为宾主。太学以草堂新成,属为之记。余亦以书塾八咏索和,闻者以为佳话也。书以志之。"

259.半九书塾

书塾在北乡黄珏桥,原系"湖干草堂",为清学者焦循旧居,后加增修。

《北湖续志》卷三载焦循《半九书塾自记》:"嘉庆己巳,纂修郡志,得修脯金五百,以少半买地五亩,在雕菰淘中,其形盘曲若赢,以为生圹。其大半于书塾之乙方,起小楼方丈许,四旁置窗,面柳背竹。黄珏桥在东北半里许,桥外即白莒湖。行人往来趋市,帆樯出没远近。渔灯牧唱,春秋耕获,尽纳于牖。楼下置棂,以生平著述草稿贮之,以为殁后神智所栖托。圹以藏骨,楼以消魂,取淘之名以名楼,曰'雕菰楼'。楼北二老桑,高百尺,翳翳四布。编竹作篱,篱下种蕉数本,设石案一,石礅二,曰'柘篱'。篱外旧有竹数亩,于竹中辟一径,随其势曲直,以达于后扉。径东有丘,因丘筑小亭。亭外植红薇十数本，薇表于亭，竹表于薇。长夏花发竹中，晨起坐阑楯间，众鸟作声，不知有人，曰'红薇翠竹之亭'。径以西，隤而下，置屋锐两荣，东向面竹。其南黄梅一株，先曾祖父手植也。历百余年，旧干已萎，肆櫱复成树扶疏，负书塾以后。以垣围其左，不令梅与竹杂生，曰'蜜梅花馆'。梅右启小门通塾，塾故四楹，西一楹，余幼时读书所在。修葺使明洁，读《易》其中。近年悟得天元一正负如积之术，全乎易理，以数穷易，以易倚数。日坐室中，苦思寂索。别有所撰述，或赋诗词，不在此，曰'倚洞渊九容数注易室'。室外书塾，先人遗构也。塾前故有木兰高数丈，花时如玉琢浮图。前年槁于水，不忍去也，又不忍见凋落状，断其上枝，存橛株数尺，覆土作丘，与昔丘迕。标以石峰，高七尺，植杂卉奇石，曰'木兰冢'。冢东海棠一株，木犀一株，牡丹一株。面木犀，旧有屋，作舫状。雕菰楼在其东北，石刻仲长统小像并《乐志论》，嵌于壁，曰'仲轩'。轩南即塾门，轩面西，门面东。门外高柳十数株，间以桃，楼俯其北。启楼之南窗，绿影满床，不见其外。柳下多木芙蓉、水蒹、夏月，乌犍卧树侧，犛然作声。木兰冢而南，山茶一株，与牡丹、木犀、海棠、黄梅、二老桑岁相若。东西各生一小本，垂二十年，春时能随老本发花，自二月至四月不歇。连书塾右室，有廊引而申之，带于山茶南，廊端稍阔，可坐以向花，用苏长公诗，名之曰'花深少态篴'……"

有楹联如下：

> 诗书执礼；易学传家。

雕菰楼·阮元撰书

> 手植数松今偃盖；梦吞三篆昔通灵。

260.云庄

园在公道桥镇西，清时阮实斋别业。

《北湖续志》卷三载吴世钰《云庄图记》："夫士大夫功名成就，而后必取名山胜地为归田之所，补生平未读之书，抒生平未著之文。富贵之极，移以酸寒。酒肉之胸，参以翰墨。噫！亦已晚矣。云庄先生，以宰相贵介，不慕荣利，怡然焕然，日与古人相周旋。其性情之淡，学问之醇，有非士大夫所能及者。顷以《云庄图》，嘱予为记。余未至其地，不能仿佛其胜，即其略而考之。见夫一花一草，别具天机。一墅一丘，绝无俗韵。其结构之精严，真所谓'匠心独具'者矣！他日予寻春湖上，鼓棹桥边，登工部之庐，造右丞之室，纵谈风月，旷论古今，岂不于'浣花草堂''辋川别墅'而外，又添一重佳话乎？"

261.珠湖明月林庄

园在北乡公道桥,为清代谈允斋所建。

《北湖续志》卷三:"允斋司马,居桥镇西北八里。家葺一园,广植花木。地既幽雅,主人复贤而好客。春秋佳日,四方名士往来相续,留连唱和,极诗酒之娱。其园旧颜曰'南岭春深'。壬寅春,阮相国过之,题曰'珠湖明月林庄'。园主人名春元,字体乾,允斋其号也。弟春发,字育亭;子恩诰,字赐卿,皆风雅能诗。"

园有八景:一曰花砌春镫,二曰平峦丛桂,三曰欹廊坐雨,四曰山房借月,五曰梅亭香雪,六曰红桥鱼泛,七曰幽径风篁,八曰水曲芙蓉。

262.北湖万柳堂

堂在公道桥北八里,即珠湖草堂。

《北湖续志》卷三载阮元《扬州北湖万柳堂记》:"……余家扬州郡城北四十里僧道桥。桥东八里赤岸湖,有'珠湖草堂',乃先祖钓游之地。嘉庆初,先考复购田庄,余曾在此刈麦捕鱼,致可乐也。乃自此后二三十年,皆没于洪湖下泄之水,楼庄多半倾圮,幸莺巢故在。归里次年,从弟慎斋谓昔年水大,深八九尺。近年水小,尚四五尺,宜筑围堤。北渚二叔亦以为然。于是择田之低者五百亩堤之,而弃其太低者。又虑与露筋祠、召伯埭相对,湖宽二十里,宜多栽柳,以御夏秋之水波。取江洲细柳二万枝遍插之,兼伐湖岸柳干插之。且旧庄本有老柳数百株,堤内外每一佃渔,亦各有老柳数十株,乃于庄门前署曰'万柳堂'。可以课稼观渔,返于先畴,远于尘俗。数年后,客有登露筋祠西望者,可见此间柳色也。今因咏万柳堂,分为八咏:一曰'珠湖草堂',二曰'万柳堂',三曰'柳堂荷雨',四曰'太平渔乡',五曰'秋田归获',六曰'黄鸟隅',七曰'三十六陂亭',八曰'定香亭'。此扬州北湖之万柳堂也。"

263.望湖草堂

园在赤岸湖北,为清时望湖居士王望三别业。

《北湖续志》卷三载高邮尤炳文《望湖草堂记》:"昔年水涨,屋亦如舟。今日潮平,室还似斗。招旧雨以班荆,趁新烟而瀹茗。飞花入牖,绿杨春作两家;柔蔓交檐,黄菊秋同三径。盖'望湖草堂'者,吾友王子望三之别业也!拓地十笏,在水一方。港折湖通,船回树隐。芳草雉媒之路,落花鱼婢之乡。临风而舻唱到门,路浪而车声入户。此虽子猷招隐之诗,摩诘绘声之画,蔑以加矣!……惟望三承高堂之燕翼,继小筑以鸠工。……宕瘤未崇其制,丹漆不耀其华……平流四五尺,杂木两三行。茅龙之衣既更,瓜牛之庐不敝。以觞以咏,或鼓或歌,此中有人,与波无极。……嗟乎!依人宛在,感水上之蒹葭。有美相思,托波中之菡萏。结神契于苔岑,指仙居于栗里。则所谓'望湖草堂'者,以为剡溪之吟眺也可,以为辋川之图画也亦可。吾知选楼之月魄上烛九天,鹭社之珠光下凌万顷者,其为斯屋也与。"

264.高旻寺行宫御苑

苑在城南运河西岸。大运河至此分三汊,故名"三汊河"。

高旻寺始建于隋代,清初建为行宫。1703 年,康熙第四次南巡扬州时,登临寺内天中塔,极目四眺,有高入天际之感,故书额"高旻寺"。康熙第五、六次南巡,乾隆六次南巡,均曾以高旻寺为行宫。至今山门仍嵌有康熙手书"敕建高旻寺",为汉白玉石额。高旻寺行宫建筑,以《南巡盛典》中《高旻寺行宫图》记载最为详尽。

高旻寺行宫约占地五分之四,寺院仅占地五分之一。行宫大门居中,寺在行宫东侧。寺大门,向东临河,门内右折,大殿五楹,供三世佛,殿后左右,有御碑亭。殿后天中塔,乃七级浮屠。塔后方丈,左翼僧寮,花木竹石,相间成趣。

《扬州画舫录》卷七:"高旻寺,大门临河,右折,大殿五楹,供三世佛。殿后左右建御碑亭,中为金佛殿。殿本康熙间撤内供奉金佛,遣学士高士奇、内务府丁皂保,赍送寺中供奉,故建是殿。殿后天中塔七层,塔后方丈,左翼僧寮。最后花木竹石,相间成文,为郡城八大刹之一。是寺康熙间赐名'高旻寺',并'晴川远适''禅悦凝远''隶荫轩'三扁,及'龙归法坐听禅偈;鹤傍松烟养道心'一联,'殿洒杨枝水;炉焚柏子香'一联。碑文一首,俱载郡志。"

《扬州名胜录》卷二:"行宫在寺旁,初为垂花门,门内建前中后三殿、后照房。左宫门前为茶膳房,茶膳房前为左朝房。门内为垂花门、西配房、正殿、后照殿。右宫门入书房、西套房、桥亭、戏台、看戏厅。厅前为'闸口亭',亭旁廊

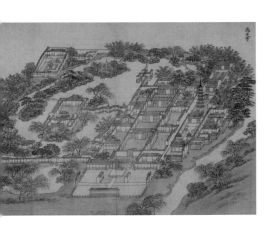

高旻寺

房十余间，入歇山楼；厅后石版房、箭厅、万字亭、卧碑亭。歇山楼外为右朝房，前空地数十号，乃放烟火处。"

行宫内分东西二院，东院宫室，西院花园。宫室四围墙。大宫门前为大影壁。入大宫门，院内宫室又以围墙分为三路：中路入垂花门，建有前殿、中殿、后殿三座。东路最前为朝房和茶膳房，次为书房，书房向北，入东垂花门，门内依次建有正殿、后照殿和照房。西路最前亦为朝房和茶膳房，次为书房，向北入西方垂花门，有一小建筑群，自成院落，是为三机房。三机房后建有卧碑亭一座。宫室西出西套房，即临水池，池上有岛，岛上建戏台。岛之东、南、西三面，均有桥通岸上。四周植奇花异木，叠假山怪石，建有万字亭、箭厅、石版房、歇山楼等建筑，构成清幽别致花园。

今高旻寺仍为佛寺，善男善女众多。因有境内外捐赠，大修扩建，烟火鼎盛。

有楹联如下：

玄烨撰书四副

龙归法座听禅偈；鹤傍香烟养道心。

殿洒杨枝水；炉焚柏子香。

松梢香露滋瑶草；庭畔熏风和玉琴。

笔架书签宜永日；波光林影共清机。

328

弘历撰书七副

潮涌广陵，磬声飞远梵；树连邗水，铃语出中天。

碧汉云开，晴阶分塔影；青郊雨足，春陌起田歌。

众水回环蜀冈秀；大江遥应广陵涛。

法云回荫莲华塔；慈照长辉贝叶经。

绿野农欢在；青山画意堆。

清风明月取无尽；山崹川流用不穷。

宇宙以来此山色；冲瀜之际荡烟光。

天中塔·弘历撰书

塔铃便是广长舌；香篆还成妙鬘云。

水阁凉厅·弘历撰书

盖世红尘飞不到；满阶花蕊契无生。

新大门

鸟语花香尽是真如妙性；风清月白全然自在天机。

高旻寺

隋炀帝陵

265.隋炀帝陵

　　现为省级文物保护单位,位于邗江区槐泗镇槐二村。隋炀帝杨广(569—618),在位十四年。大业十四年在江都被宇文化及缢杀,初殡于江都宫流珠堂,后葬吴公台下。唐平江南后,以帝礼改葬雷塘现址。清嘉庆十二年(1807)大学士阮元为其立碑建石,扬州知府伊秉绶隶书"隋炀帝陵"。1986年初步整修,1995年对其进一步整修保护,占地3万平方米,存雷塘、祭台、墓冢三历史遗迹。1999年再次整修,增建石牌坊、大门、石桥等建筑。现为开放景点。

266.胡笔江故居

　　现为省级文物保护单位,位于今广陵区沙头镇胡家墩。胡筠,字笔江,民国时期历任中南银行、交通银行总经理、董事长之职,是金融界很有名望的人物之一。其故居建于1920年,占地6亩,建筑面积2200平方米。故居主建筑前后五进,现存四进(最后一进为十三间小二楼,20世纪50年代拆除)。八字大门,大门两旁为水磨方砖贴面门廊,四角是高浮雕雕花;两旁枕石很有特色:中为牡丹,周边是暗八仙。东西侧墙上端分别是文官下轿、武官下马高浮雕砖雕,门楣以上是两排浮雕,上为春牡丹、夏荷花、秋金菊、冬蜡梅和万年青，下为人物砖雕。建筑基础下为石条，上为城砖，城砖上有明代"洪武"年号等。墙体、屋面、影壁、木屋架、门、窗、柱、梁及梁上雕花等基本保存较好。附属用房亦保存完好。2001年，由邗江区政府协调筹资，对故居进行解危维修。近年又有修缮。

胡笔江故居

267.甘泉山汉墓群

位于邗江区甘泉镇境内，分别由甘泉老山汉墓、甘泉汪家山汉墓、甘泉吴家山汉墓、甘泉三墩汉墓、杨寿宝女墩汉墓、杨寿小墩汉墓、杨庙双墩村陈家墩汉墓、蒋王街道办山河林场姜家墩汉墓等组成。出土文物有东汉铜卡尺，是国内三件铜卡尺中，唯一由地下出土的文物，印证了铜卡尺制造年代，为研究我国古代科学艺术史、数学史和度量衡史提供了实例，为研究汉初扬州历史提供了十分可靠的实物资料。

甘泉山汉墓群

268.迎恩桥

　　现为市级文物保护单位,位于凤凰桥街中段,南北向横跨于漕河上,俗称"凤凰桥",是五代、宋、元扬州城北门通衢上桥梁,始建于五代或北宋。清中期,乾隆皇帝南巡时更名"迎恩桥",《嘉靖惟扬志》中宋大城、宋三城及明扬州府城隍三图上皆有迎恩桥。清雍正五年,邑人陆时达重造。1947、1952、1965年历经三次维修。迎恩桥现为砖石拱桥,保存完好。

迎恩桥

269.阮家墓

　　阮家墓地位于邗江槐泗镇槐二村,占地约4200平方米。东南侧为阮元、继配夫人孔氏、侧室刘氏、谢氏、姜唐氏合葬墓,墓包直径8米,高1.8米,墓前有杨文定撰"阮文达公墓表"一块。北侧分别为祖父母、父母合葬墓,墓包直径分别为12米、10米。东侧为墓门和墓道,道首有石碑一座,上刻有阮元祖父琢庵、父亲湘圃碑铭,背面刻阮元于嘉庆十二年撰写《雷塘阮氏墓图记》,碑侧有石马一匹。

阮家墓

主要参考文献

1.《扬州画舫录》,清李斗著,陈文和点校,广陵书社,2010 年。

2.《平山堂图志》,清赵之璧著,高小健点校,广陵书社,2004 年。

3.《平山揽胜志》,清汪应庚著,曾学文点校,广陵书社,2004 年。

4.《北湖续志》,清阮先辑,孙叶锋点校,广陵书社,2003 年。

5.《扬州览胜录》,王振世著,蒋孝达点校,江苏古籍出版社,2002 年。

6.《扬州名胜录》,清李斗著,蒋孝达点校,江苏古籍出版社,2002 年。

7.《芜城怀旧录》,董玉书著,蒋孝达、陈文和点校,江苏古籍出版社,2001 年。

8.《扬州休园志》,清郑庆祜纂,《中国园林名胜志丛刊》本,广陵书社,2006 年。

9.《嘉靖惟扬志》,明朱怀幹修,明盛仪辑,明嘉靖本。

10.〔嘉庆〕《重修扬州府志》,清阿克当阿监修,清姚文田等纂,清嘉庆十五年刻本。

11.〔雍正〕《江都县志》,清陆朝玑修,清程梦星等纂,清雍正七年刻本。

12.〔嘉庆〕《江都县续志》,清王逢源修,清李保泰纂,清嘉庆十六年修、光绪七年重刊本。

13.〔民国〕《江都县续志》,钱祥保修,桂邦杰等纂,民国十五年扬州集贤斋刻本。

14.〔民国〕《瓜洲续志》,于树滋编辑,民国十六年瓜洲于氏凝晖堂铅印本。

15.〔光绪〕《增修甘泉县志》,清徐成敟、桂正华修,清陈浩恩等纂,清光绪十一年刻本。

16.〔民国〕《甘泉县续志》,钱祥保等修,桂邦杰纂,民国十年扬州集贤斋刻本。

17.〔嘉庆〕《两淮盐法志》,清佶山监修,清单渠总纂,清方濬颐续纂,清同治九年扬州书局重刻本。

18.《大明一统志》,明李贤、彭时等纂,三秦出版社,1990 年。

19.《嘉庆重修一统志》,清穆彰阿等纂,商务印书馆,民国二十三年本。

20.《南巡盛典名胜图录》,清高晋等纂,古吴轩出版社,1999 年。

21.《扬州鼓吹词序》，清吴绮著，《扬州丛刻》本，广陵书社，2010年。

22.《梦花杂志》，清李澄撰，清嘉庆本。

23.《浮生六记(外三种)》，清沈复著，金性尧、金文男注，上海古籍出版社，2000年。

24.《蜀冈禅智寺唱和诗·冶春绝句·红桥倡和词》，清王士禛编著，清康熙刻《新城王氏杂文诗词十一种》本。

25.《扬州梦香词注》，清费轩著，1961年《扬州风土词萃》抄本。

26.《鸿雪因缘图记》，清麟庆撰，北京古籍出版社，1984年。

27.《清稗类钞》，清徐珂撰，中华书局，2010年。

28.《扬州东园题咏》，清贺君召辑，乾隆十一年刻本。

29.《梵天庐丛录》，清柴小梵撰，栾保全点校，故宫出版社，2013年。

30.《水窗春呓》，清欧阳兆熊、金安清撰，谢兴尧点校，中华书局，1997年。

31.《陈迦陵文集》，清陈维崧撰，《四部丛刊初编》本，上海商务印书馆，民国本。

32.《默斋诗稿》，清陈重庆撰，1921年扬州汤作新聚珍本。

33.《浪迹丛谈·续谈·三谈》，清梁章钜撰，陈铁民点校，中华书局，1981年。

34.《履园丛话》，清钱泳撰，张伟点校，中华书局，1979年。

35.《广陵思古编》，清汪廷儒撰，田丰点校，广陵书社，2011年。

36.《影园瑶华集》，明郑元勋辑，清乾隆二十七年郑开基拜影楼刻本。

37.《题襟馆倡和集》，清方濬颐辑，清同治十一年两淮运署刻本。

38.《扬州杂咏(外三种)》，刘梅先著，赵昌智整理，广陵书社，2010年。

39.《园冶》，明计成撰，陈植注释，杨伯超校订，陈从周校阅，中国建筑工业出版社，1988年。

40.《广陵名胜全图》，清佚名撰，清乾隆本。

41.《广陵名胜图》，清佚名撰，清乾隆本。

42.《扬州园林甲天下：扬州博物馆藏画本集粹》，扬州博物馆、扬州市历史文化名城研究会编，广陵书社，2003年。

43.《园林丛谈》，陈从周著，上海文化出版社，1980年。

44.《扬州园林》，陈从周著，同济大学出版社，2007年。

45.《扬州名园记》，顾一平编，广陵书社，2011年。

46.《扬州园林品赏录》，朱江著，上海文艺出版社，1990年。

47.《园林风采》,许少飞著,广陵书社,2007 年。

48.《扬州园林史话》,许少飞著,广陵书社,2013 年。

49.《旧宅萃珍:扬州名宅》,吴建坤等著,广陵书社,2005 年。

50.《风雨豪门:扬州盐商大宅院》,韦明铧著,广陵书社,2003 年。

51.《扬州宗教名胜文化》,陈云观主编,广陵书社,2003 年。

52.《古今扬州楹联选注》,曹永森主编,苏州大学出版社,2004 年。

笔画索引

后 记

  彭镇华先生是我敬重的师长,他是我国著名林学家,生前担任中国林业科学院首席科学家,曾主持完成长江中下游低丘滩地综合治理与开发研究、中国森林生态网络体系建设研究、上海现代城市森林发展研究等国家或地方的重大科研项目 30 余项,被授予"九五"国家重点攻关计划突出贡献者,荣获"全国杰出专业人才""全国十大英才"等称号。彭先生与扬州渊源很深。早在上世纪 90 年代初,彭先生就多次来扬州,指导扬州市实施了古运河城市森林生态网络示范区建设项目,该项目建成后为扬州市运河名城的打造,为国家园林城市、国家森林城市、国家生态园林城市的创建以及大运河申报世界文化遗产工作奠定了坚实的基础。

  2004 年 10 月国家林业局与美国农业部正式签署了《关于共建中国园的谅解备忘录》,计划在美国首都华盛顿特区的美国国家树木园内,共同建设一座兼具中国南方园林之秀美和北方皇家园林之雄伟的经典中国园林,作为中国人民赠送给美国人民的一份礼物,也作为中美两国友谊的象征。彭先生是中国园项目中方专家设计小组组长,为设计好中国园项目,彭先生先后来扬州 20 多次,了解、研究扬州园林的现状、历史、特点、文化内涵等,在他精心设计的中国园方案里,扬州古典园林占据了核心地位,瘦西湖的白塔、五亭桥,个园的四季假山,何园的片石山房、船厅等扬州园林的经典景点将按原样复制,展现在美国人民面前,这既是扬州园林能够代表中国园林的具体体现,更凸显了彭先生对扬州这座历史文化名城,特别是扬州园林的深深挚爱之情。

  恰在中国园项目有序推进的关键时刻,天妒英才,2014 年 5 月彭先生因病逝世。彭先生的逝世是我国林学界的巨大损失,我们同样为失去这样一位关爱扬州园林的师长而悲痛万分。彭先生逝世后,我们从他的学生处了解到彭先生尚有《扬州园林古迹综录》的书稿一事。该书稿收录了扬州园林古迹 269 条(其中部分古迹现已不存),彭先生对每一个条目都进行了考证、解读，对相关的史料进行了收集，最为难能可贵的是，彭先生将扬州古城及蜀冈—瘦西湖风景名胜区划分为 11 个区域，将每个古迹的位置在地图上进行了标注，为扬州园林的研究者、爱好者，甚至于对扬州园林有兴趣的普通游客，提供了极大的便利。为表示对彭先生的敬重之心，也是为了更好地纪念彭先生，扬州市园林管理局征得彭先生家人同意，决定出版该书。为此，我们邀请扬州园林专家许少飞先生、扬州著名学者韦明铧先生和彭先生的学生费本华、马艳军对遗稿进行整理，对相关文字作了校订。原扬州市摄影家协会主席、著名摄影家王虹军先生不辞辛劳，为该书稿专门拍摄了 200 多幅有价值的图片。广陵书社编辑部的刘栋、王志娟两位主任还从《平山堂图志》《扬州画舫录》《江南园林胜景图册》等众多扬州地方历史文献中遴选了部分有价值的资料图片，从而完善了书稿。为方便读者查询，书后附录主要参考文献和条目笔画索引。为尊重书稿原貌，我们主要对书稿中的文字进行了认真核校，但由于时间紧，疏漏之处在所难免，尚请读者见谅。在书稿出版过程中，扬州市园林管理局的徐亮、仇蓉、赵靓、沈学峰、丁士俊等参与了部分工作，也为该书稿的出版付出了时间和精力。在此，我代表扬州市园林管理局和我本人对关心、支持书稿出版的所有人表示深深的感谢！

赵御龙（中国公园协会副会长、住建部风景园林

专家委员会委员、扬州市园林管理局局长）

2015 年 9 月

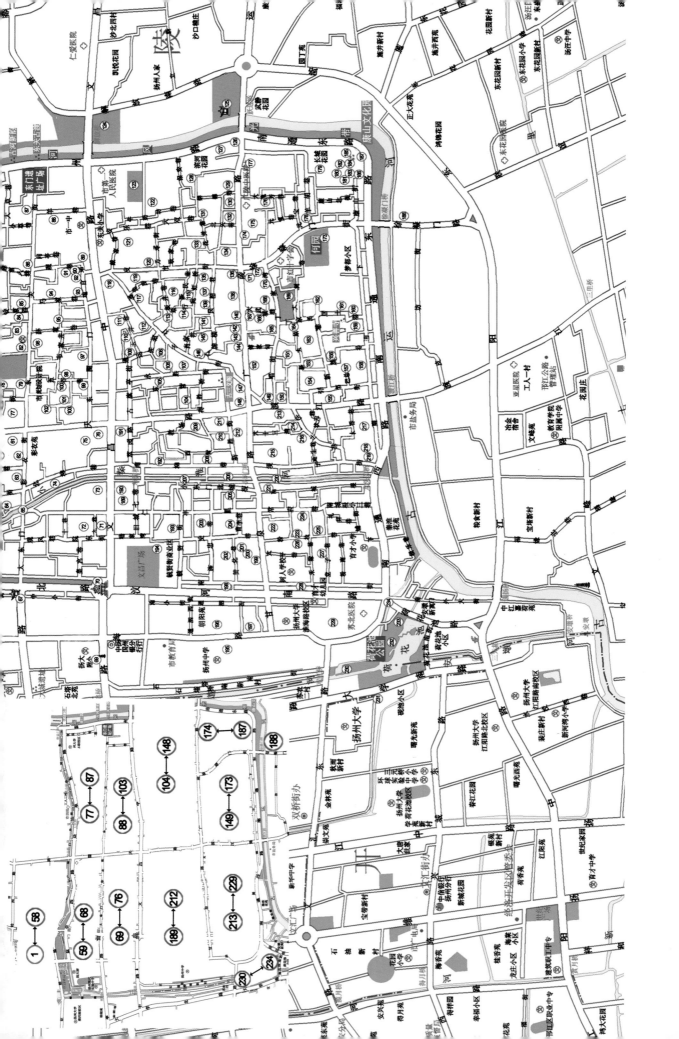

扬州市园林古迹分布图

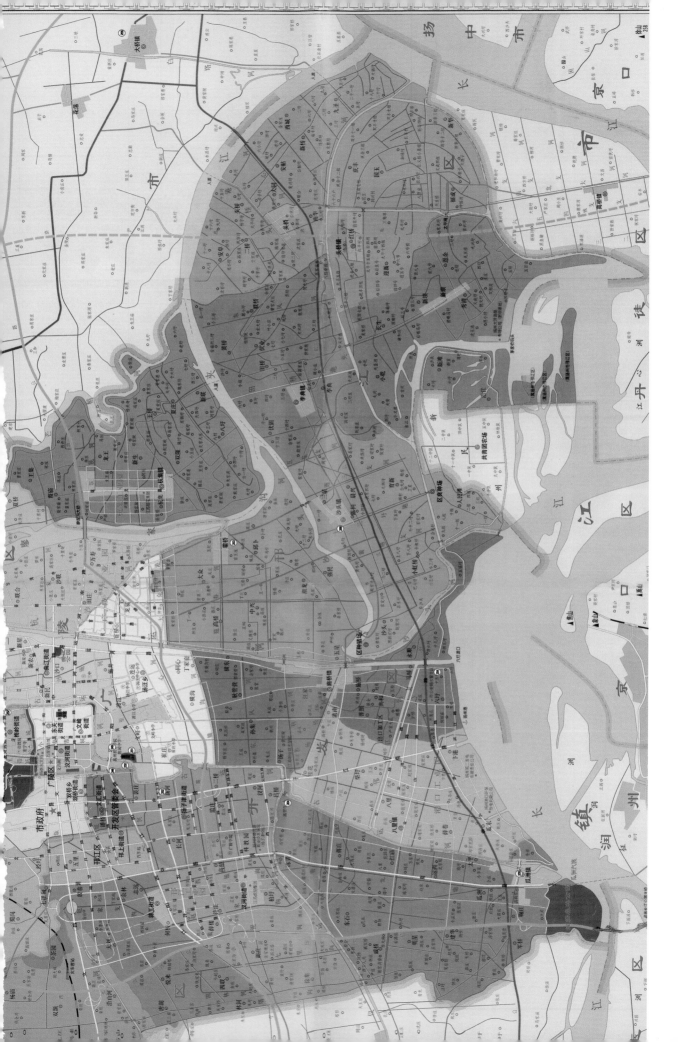

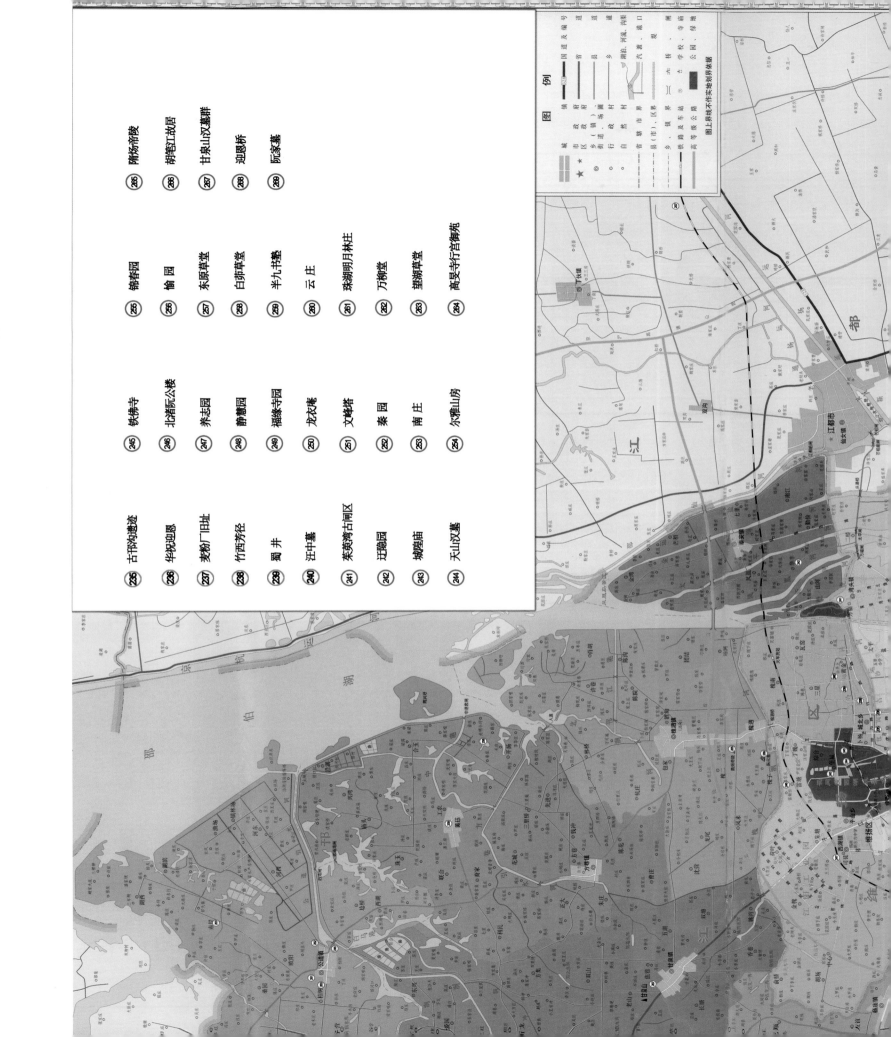

㉟ 古邗沟遗迹
㉟ 华祝迎恩
㉟ 麦粉厂旧址
㉟ 竹西芳径
㉟ 蜀井
㉟ 汪中墓
㉟ 茱萸湾古闸区
㉟ 迂隐园
㉟ 城隍庙
㉟ 天山汉墓

㉟ 铁佛寺
㉟ 北湖阮公楼
㉟ 养志园
㉟ 静慧园
㉟ 福缘寺园
㉟ 龙衣庵
㉟ 文峰塔
㉟ 秦园
㉟ 南庄
㉟ 尔雅山房

㉟ 锦春园
㉟ 偷园
㉟ 东原草堂
㉟ 白莳草堂
㉟ 羊九书塾
㉟ 云庄
㉟ 珠湖明月林庄
㉟ 万柳堂
㉟ 望湖草堂
㉟ 高旻寺行宫御苑

㉟ 隋炀帝陵
㉟ 胡笔江故居
㉟ 甘泉山汉墓群
㉟ 迎恩桥
㉟ 阮家墓